美育简本

中国古代妆容 一〇〇问

镜子 著

海峡出版发行集团
THE STRAITS PUBLISHING & DISTRIBUTING GROUP
福建美术出版社

图书在版编目（CIP）数据

中国古代妆容 100 问 / 镜子著 . -- 福州 ：福建美术
出版社，2022.10
（美育简本）
ISBN 978-7-5393-4326-6

Ⅰ．①中… Ⅱ．①镜… Ⅲ．①化妆－历史－中国－古
代－问题解答 Ⅳ．① TS974.1-092

中国版本图书馆 CIP 数据核字（2022）第 021792 号

出 版 人：郭　武
责任编辑：郑　婧　侯玉莹
封面设计：侯玉莹
版式设计：李晓鹏　陈　秀

美育简本 • 中国古代妆容 100 问

镜子　著

出版发行：福建美术出版社
社　　址：福州市东水路 76 号 16 层
邮　　编：350001
网　　址：http://www.fjmscbs.cn
服务热线：0591-87669853（发行部）　87533718（总编办）
经　　销：福建新华发行（集团）有限责任公司
印　　刷：福州印团网印刷有限公司
开　　本：889 毫米 ×1194 毫米　1/32
印　　张：7.5
版　　次：2022 年 10 月第 1 版
印　　次：2022 年 10 月第 1 次印刷
书　　号：ISBN 978-7-5393-4326-6
定　　价：48.00 元

《美育简本》系列丛书编委会

本书编写组

作　　者：镜　子

部分图片提供：左丘萌　　徐　栩

绘　　图：雪　朔

图片摄影：徐向珍　　贾云龙

　　　　　　王馨沅　　刘芳等

图片后期：爱　神　　西　子

图片模特：娜　萨　　西　子　　杭　君

　　　　　　车　帅　　瑶　瑶　　是非娘娘

　　　　　　徐悦尔　　言　言　　慕子枭

　　　　　　未　书　　张雅琪　　七　宝

　　　　　　奈　奈　　佳　佳　　云　云

　　　　　　鹿秋鱼　　葛鹏程等

目　录

1

眉眼何所描？
——古代美人的描眉、画眼等眼妆之问

唇瓣何所点?
——古代美人的点唇之问

面上何所饰?
——古代美人的贴花钿、点面靥等面饰之问

发间何所配?

——古代美人的发型、首饰之间

身形何为美？
——古代美人的身形、脸型之问

妆容文化知多少？

脸颊何粉扑?

——古代美人的胭脂、水粉等面妆之问

1. 在汉代以及汉代之前，人们用什么洗脸?

我们日常生活中的洁面用品越来越多，有皂类的、膏类的、乳液类的、油状类的以及泡沫类的。这些产品的作用是清洁肌肤、卸掉残妆等。古人也会化妆，哪怕不化妆，经过一天跟空气中微尘的接触，脸上也难免会有污垢。那么问题来了，他们是如何洁面的呢?

唐代杜牧的《阿房宫赋》中有这样一句话："渭流涨腻，弃脂水也。"文意为渭水上漂着一层油脂，那是阿房宫中的宫娥们日积月累倒下去的洗脸水。这种油腻的洗脸水，自然是因宫娥们用了带有卸妆功能的用品洗脸而形成的。杜牧一个唐代人当然没有亲眼见过秦始皇的后宫，只是

图1-1　古人的洗脸盆
春秋·番君盘，河南潢川县彭店出土。《礼记·内则》："进盥，少者奉盘，长者奉水，请沃盥，盥卒，授巾。"

通过自己的认知，将隋朝的奢淫和玄宗朝的奢华无度的现象用诗词表现出来，借古讽今罢了。唐代另一位大文豪韩愈在诗歌《华山女》中提到了"卸妆"："洗妆拭面著冠帔，白咽红颊长眉青。"这"洗妆拭面"并不是始于唐代，其实唐代之前就有了。

汉代的《礼记·内则》中记载："面垢，燂潘请靧。"意思为脸脏了，用温热的"潘"洗脸。《说文解字》对"潘"的注解为"淅米汁也"，即淘米水。那么这个淅米汁大概就是古代最早的洗面奶之一了。淘米水本身的水分子具有去油去污的作用，不光可以去除脸上的灰尘，还可以用来洗头发、洗衣服等，甚至可以清洁厨房用品。直到现在，由淘米水加工而成的各种洗脸、洗发、洗澡的洗护用品依旧活跃在各大购物平台上。

2. 汉代贵妇的化妆盒里有哪些私藏妆品？

打开现代女孩子的化妆箱，粉底、BB霜、粉饼、口红，这几样妆品出现的概率比较大，其次就是眼影、眼线笔、腮红、睫毛膏、修容饼等。那么在古代，女孩子的妆奁中是否也有那么多的化妆用品呢？我们以西汉著名才女班婕妤为例子，看看她平时都用了哪些化妆品。

班婕妤有一篇名为《捣素赋》的汉赋写道："调铅无以玉其貌，凝朱不能异其唇；胜云霞之迩日，似桃李之向春。红黛相媚，绮徂流光，笑笑移妍，步步生芳。两靥如点，双眉如张。颓肌柔液，音性闲良。"根据《捣素赋》的描述，我们来"扒一扒"这些文字中隐藏的"脂粉眉黛"：

"调铅"的"铅"大概为涂面的"铅粉"。铅粉又称"铅华""胡粉"等。汉代刘熙的《释名·释首饰》注解了胡粉："胡，糊也，脂和以涂面也。""凝朱"为朱红色的口脂，"凝"为凝固、凝结的意思，"脂"即凝固的状态，所以古代的口红称作"口脂"。"红黛"代指红唇黑眉，"黛"又称"石黛"或"黛石"，即以石墨制成的"画眉石"。

　　一篇汉赋蕴藏了这么多与美妆相关的信息，它不仅表达了作者的情感，也刻画了当时宫廷女子的音容笑貌和梳妆打扮。除了眉黛脂粉，文中的"两厴如点，双眉如张"，将女子的妆容也描写了一二。

图2-1　汉代单层妆奁
汉·单层描漆妆奁，马王堆
1号汉墓出土。

图2-2　妆奁内的梳妆用具
汉·双层六子锥画漆妆奁内梳妆用具，利豨墓出土。从左到右依次是角质镜、丝绵镜擦、木梳、木篦、角质梳、角质篦、竹搣、漆柄荓、角质镊、铁环首刀。

3. 古代女子对底妆有什么样的要求?

打底妆是化妆的第一步，也是极为重要的一步。底妆会直接影响最后的成妆效果。那么什么样的底妆算优秀呢？按照现代要求来讲，必须色白皙、能遮瑕、易上妆、不氧化、难脱妆。古代女子对于底妆也有"白皙"和"易上妆"的要求。东方的审美一向以白为美。明代张岱的《陶庵梦忆》之《二十四桥风月》中记载："灯前月下，人无正色，所谓'一白能遮百丑'者，粉之力也。"这段话点明了妆粉能使人变白，从而达到美颜效果。好的底妆除了白，还要讲究令肌肤细腻具有滋润感。清代叶绍本的《金缕曲·晚浴》："肌滑凝脂巾易拭，疏雨梨花娇受。"凝脂玉润一直是历朝历代乃至今日人们所追求的上妆效果。

美妆伊始，人们用"米粉"来敷底妆。米粉的颜色甚白，符合了人们对于美白的追求。《说文解字》中注解："粉，傅面者也。"《释名·释首饰》也有注解："粉，分也。研米使分散也。"这是较早的有关米粉妆效用途的文字记载，因此米粉大概是我国最早的"粉底"。不过这种底妆涂抹在脸上易脱妆，后来人们又在里面加入了油脂，改良成了"米粉膏"。"米粉膏"比"米粉"细腻，上妆后面部肌肤较之前滑嫩。膏状底妆的出现大大改善了脱妆的问题。后世便一直沿用混以油脂做化妆品的方式。

图3-1 皮肤白皙的美人
东晋·《洛神赋图》（宋摹本，局部），故宫博物院藏。

4. 古代的"粉底"有哪些?

以米粉作为粉底的效果并不理想，无法很好地吸附在脸上，也不太容易上妆。虽然后世将其改良成了"米粉膏"，但人们对此并不满足，因此又研制了它的替代品——"铅粉"（又称"胡粉"）。此粉用铅、锡、铝等金属烧化后碾磨而成。它的优势除了易上妆外，细腻程度、质感，以及吸附性等都远胜米粉。

除了米粉和铅粉，古代还有一种叫"紫粉"的化妆品，相传是魏文帝的宠妃段巧笑所做。晋代崔豹的《古今注》卷下："魏文帝宫人绝所爱者……（段）巧笑始以锦衣丝履，作紫粉拂面。"北魏贾思勰的《齐民要术》则记载了紫粉的做法——用米粉、胡粉、葵子汁等加工制成，呈淡紫色。"紫粉"就因其颜色而得名。它的制作中需配有一定比例的胡粉（即铅粉），"不著胡粉，不著人面"，即不掺入胡粉就没法固定在人脸上之意。这也进一步说明了胡粉（铅粉）的稳定性。我们现代的化妆品中也含有铅的成分。"紫粉"的作用主要在于提气色和去黄，再在上面敷粉，面部肌肤就会变得洁白光亮，整体精气神也会更加饱满。这些功能主要是"葵子汁"在发挥着作用。据明代李时珍的《本草纲目》记载："落葵，悦

图4-1 古代的粉饼
南宋·福建福州黄昇墓出土粉锭。图片采自《中华遗产》总第160期，李芽供图。

泽人面，可作面脂。'落葵子'取子蒸过，烈日中暴干，挼去皮，取仁细研，和白蜜涂面，鲜华立见。"同样，我们现代人在上妆时，如果气色不佳或面部有黄斑，在上粉底前也会先用紫色隔离妆前乳进行调和。

檀粉诞生于唐代。它由胭脂和胡粉调和而成，颜色为檀红色，使用时可直接涂抹于脸上。唐代杜牧的《闺情》："暗砌匀檀粉，晴窗画夹衣。"檀粉是"檀晕妆"的精髓，因其颜色为浅红色，将其涂抹在脸上有提升血气的视觉效果，使皮肤看上去细腻红润。这大概是古代粉底中的"粉调王者"，一度为爱美的女性所追捧。到了宋代，檀粉更是风靡一时，势头盖过了唐时。宋代苏轼的《次韵杨公济奉议梅花十首·其九》："鲛绡剪碎玉簪轻，檀晕妆成雪月明。"更有诗人形象地以荷花的颜色比喻檀粉的颜色，用檀粉涂面，大有出水芙蓉天然晕色之美。宋代杜衍的《雨中荷花》："翠盖佳人临水立，檀粉不匀香汗湿。一阵风来碧浪翻，珍珠零落难收拾。"

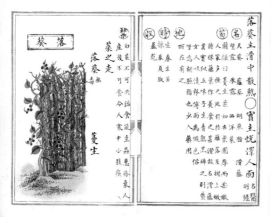

图4-2　落葵的作用
明·《本草品汇精要》（卷之四十，菜部下品，菜之走）。明弘治十八年（1505）彩绘写本，可能是清代复抄本（待考证），德国柏林国家图书馆藏。

5.古代的腮红有哪些？

腮红是面妆中不可或缺的一部分。现代社会生活节奏快，人们每天都忙忙碌碌，很多职场女性实在没有太多的时间去精心打扮自己，但只要出门，包包里不会少的化妆品有三样：蜜粉、腮红和口红。腮红的主要功能是提升气色，增添健康态，从而保持一天容光焕发的精神面貌。现代腮红各种各样，哑光、珠光、微珠光，粉状、膏状、液态状，颜色也是五花八门，正红、橘红、珊瑚红、水蜜桃粉、樱花粉等。

那么在古代，腮红是否也有那么多"小心思"呢？

（1）赪粉

汉代刘熙的《释名·释首饰》记载："染粉使赤，以着颊上也。"《尔雅·释器》解释："一染谓之縓，再染谓之赪。"晋代郭璞注解："赪，浅赤。"即浅红色。这种腮红始于汉代，因其颜色温和，流传于后世。一些古代的护肤品中，也会加入一些赪粉使其颜色温润可人。

（2）胭脂

汉代的胭脂，以红蓝花为原料制成，到了隋唐时期，又有山花和石榴花为材料。胭脂可制作为两种形态——粉状和块状。粉状一般是将花叶碾碎成粉末，而块状则加入了油脂，调和后使其凝固。前者用刷子（化妆刷在汉墓中就有出土），后者用手直接抹在脸上。唐代元稹的《离思五首·其一》："须臾日射胭脂颊，一朵红苏旋欲融。"唐代杜甫的《曲江对雨》："林花著雨胭脂湿，水荇牵风翠带长。"

古人脸上涂胭脂，除了用刷子和手外，还有能自动续粉的"粉扑"，即"绵胭脂"。就是将研磨好的胭脂粉制成浆，用层层细纱过滤，然后再压制成饼状，就可以直接拍打在脸颊上成妆。唐代白居易的《和梦游春诗一百韵》："朱唇素指匀，粉汗红绵扑。"

图5-1 古代胭脂盒
唐·越窑青瓷胭脂盒。

6. 汉晋女子间流行的面妆有哪些？

人们对于唐代之前女子形象的印象是她们大多比较清瘦和飘逸，讲究"纤"。无论是她们的服饰还是发髻都线条感十足，在传统之余也注重个性，与之相配套的面妆亦是如此。

汉代初期百废待兴，提倡节俭。汉文帝时期曾下令宫中女子不得穿曳地的衣裙，不得梳高大的发髻，汉文皇后还亲自带领后宫们采桑织布。那个时代，女子妆容比较朴素。直至汉武帝时期，国力开始强盛，妆容也逐渐有了新意。到了西汉中后期，汉成帝的妃子赵合德是个"美妆达人"，她所创的"慵来妆"风靡掖庭。其"头号粉丝"伶玄在专门为赵氏姐妹撰写的《飞燕外传》中提道："合德新沐，膏九曲沉水香，为卷发，号新髻；为薄眉，号远山黛；施小朱，号慵来妆。"这种妆给人一种慵懒之感，用色既浅，眉眼朦胧迷离。后世的很多文学家将"慵来妆"定义为汉代妆容的代表，在他们的文学作品中亦有提到，比如元代王逢的《题蔡琰还汉图》："旧时汉妆慵复理，感义怀惭归董祀。"

到了魏晋南北朝时期，出现了前文提到的"紫妆"。段巧笑"以紫粉拂面"，这成妆效果并不是将脸涂成紫色，而是达到提亮美白的效果，类似我们现在的紫色隔离妆前乳。追求白净一直是历朝历代不变的主流审美。

除了以上两种妆外，还有"白妆"和"墨妆"。白妆的出处在《中华古今注》中："梁天监中，武帝诏宫人梳回心髻、归真髻，作白妆，青黛眉。"墨妆的出处在《隋书·五行志上》："后周大象元年……妇人墨妆黄眉。"这一黑一白的妆容流行范围小，流行时间短，大抵是那个时候的"非主流"时尚。

7. 汉晋"氛围妆"如何轮回千年?

现在有个新词叫"氛围感"。什么是"氛围感"?这是个比较抽象的概念,大抵是人受周围环境或者气氛影响,产生了比较主观的同理感受,简单地说就是情绪化感觉。带有"氛围感"的妆容,现代人称之为"氛围妆"。

在汉代有一款妆可以称得上古代的"氛围妆",它便是刻意情绪化的妆容——"啼妆"。《后汉书·五行志一》记载:"(梁冀之妻孙寿)啼妆者,薄拭目下,若啼处。"这种妆容被后世视为不祥,《后汉书》:"天诫若曰:兵马将往收捕,妇女忧愁,踧眉啼泣,吏卒挚顿,折其要脊,令髻倾邪,虽强语笑,无复气味也。"不久之后,梁冀便被灭门了。如此"负能量"的氛围妆,在汉代竟被争相效仿,出现"京都翕然,诸夏效之"。

此妆在隋唐时期亦有出现,《妆台记》记载:"(隋炀帝宫人)梳翻荷髻,作啼妆。"《中华古今注》记载:"(唐)贞观中,梳归顺髻,又太真偏梳朵子,作啼妆。"

泣涕之妆,除了汉代、隋唐,其他朝代亦均有出现过。南北朝陈叔宝的《昭君》:"啼妆寒叶下,愁眉塞月生。"五代冯延巳的《鹊踏枝》："一点春心无限恨，罗衣印满啼妆粉。"宋代晏几道的《西江月》："愁黛颦成月浅，啼妆印得花残。"元代白朴的《摸鱼子》："啼妆酒尽新秋雨。"明代唐寅的《无题》："红粉啼妆对镜台，春心一片转悠哉。"清代张令仪的《眼儿媚》："啼妆不整。"

图7-1 古代"氛围感"美人孙寿人物形象。临摹自清代颜希源、王翙《百美新咏图传》。

8. 唐代女子最流行的面妆是哪款?

无论是古代还是近现代文学作品中,我们经常能看到"红妆"作为女性的代名词出现。一些文学点评或者读后感等文章也会引用"红妆",比如形容花木兰"不爱红妆爱戎装",形容孟丽君"朝服底下为红妆"。

"红妆"以"红"为主角,不分贵贱老幼,大多数女子喜欢。它不是单指一种妆面,而是一系列红色妆面的总称。《妆台记》对此描述道:"美人妆面,既傅粉,复以胭脂调匀掌中,施以两颊,浓者为酒晕妆;浅者为桃花妆;薄薄施朱,以粉罩之,为飞霞妆。"

图8-1 唐代酒晕妆
盛唐·彩绘女俑。该女俑两腮的圆形腮红浓艳如火,胭脂色泽深或涂抹时用量多。

(1) 酒晕妆

酒晕妆又称"晕红妆",因在两腮上涂抹的胭脂极为浓艳,犹如人喝醉酒一般,因此得名"酒晕妆"。"晕"为晕染的意思,即双颊的胭脂范围内,中心最浓,向四周晕染渐渐转淡。唐代詹敦仁的《余迁泉山城,留侯招游郡圃作此》:"柳腰舞罢香风度,花脸妆匀酒晕生。"

(2) 桃花妆

桃花妆因浓艳如桃花而得名,又称

图8-2 唐代桃花妆
唐·新疆维吾尔自治区吐鲁番市阿斯塔那古墓群出土的唐绢画人物形象之一。画中人物的腮红面积较大,眉下至下颌、鼻侧至耳畔,颜色浓烈艳丽。

图8-3 唐代飞霞妆
唐·新疆维吾尔自治区吐鲁番市阿斯塔那古墓群出土的唐绢画人物形象之一。画中人物的腮红呈圆形，由内向外晕染至浅。

图8-4 唐代晓霞妆
唐·《宫乐图》（局部）。画中人物的腮红呈奇特的梯形，眉尾与耳垂以弧线连接，红白分明。腮红自边缘线向内晕染至浅，宛如天边的晓霞将散。

"桃红妆""桃花面"。它早在隋代就已存在，宋代高承的《事物纪原》记载："隋文宫中红妆，谓之桃花面。"桃花妆晕染面积大于酒晕妆，它不仅在两颊处涂抹胭脂，眼睑处亦然。唐代韦庄的《女冠子》："依旧桃花面，频低柳叶眉。"

（3）飞霞妆

这种妆先涂胭脂，再往上覆盖一层白粉，这种方式也存在于现代美妆之中。飞霞妆白里透红，仿佛天然气色。

（4）晓霞妆

晓霞妆又称"霞妆"，因以面颊边的"斜红"相辉映，红艳如朝霞而得名。唐代张泌的《妆楼记》记载："（薛）夜来初入魏宫，一夕，文帝在灯下咏，以水晶七尺屏风障之。夜来至，不觉面触屏上，伤处如晓霞将散，自是宫人俱用胭脂仿画，名晓霞妆。"这种妆据说是意外得来，"如晓霞将散"，因此不会太浓郁。斜红类的妆都可以称得上晓霞妆，到了中唐时期，由此演变的红妆特将斜红位置留了出来，使其反晕。

（5）芙蓉妆

芙蓉妆因颜色如芙蓉般清丽脱俗而得名。唐代有个叫鲍溶的诗人，特爱描写南方的佳人，给她们配以"芙蓉妆"。《越女词》："越女芙蓉妆，浣纱清浅水。"《水殿采菱歌》："美人荷裙芙蓉妆，柔荑紫雾棹龙航。"浣轻纱，采红菱，有一种"亭亭绿叶撑翠伞，粼粼碧波映娇容"的画面感。可见这"芙蓉妆"为少女妆，粉粉嫩嫩、娇俏可人。

（6）檀晕妆

檀晕妆为一种淡雅的红妆，因在脸上敷檀粉而得名，以胭脂与铅粉调和而成，颜色为檀红色（粉红色），使用时直接涂抹于面颊上。它是"红妆"家族中最淡的。唐代杜牧的《闺情》："暗砌匀檀粉，晴窗画夹衣。"这种妆因为淡雅适中，自唐之后也一直被人喜爱，后世还能时常看到它的影子。宋代苏轼的《次韵杨公济奉议梅花十首·其九》："鲛绡剪碎玉簪轻，檀晕妆成雪月明。"清代顾贞观的《金缕曲》："卸啼妆、却施檀晕，湘娥恨遣。"檀晕妆有南北朝的遗韵，如北齐杨子华所画的《北齐校书图》，画中侍女们的妆就非常类似于唐代的檀晕妆。

图8-5 唐代芙蓉妆
唐·《游春美人图》（局部）。图中的女子面腮浅红，花钿、斜红及唇色却鲜艳至极，与两腮形成鲜明的对比。

图8-6 唐代檀晕妆
唐·张萱《捣练图》（局部）。画中人物眉至下颌皆涂以檀粉，着粉面积较大，额头、鼻头和下巴都施白。

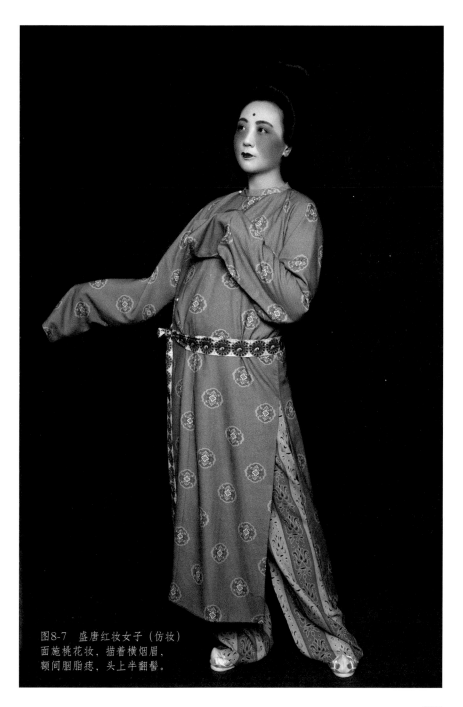

图8-7 盛唐红妆女子（仿妆）
面施桃花妆，描着横烟眉，
额间胭脂痣，头上半翻髻。

9. 唐代女子为何如此喜爱"红妆"？

"红妆"原本只是极普通的一种妆容，但经过唐王朝几百年的推崇和渲染，它几乎成了主流审美，对后世也有着深远的影响。

唐朝是中国历史上非常灿烂辉煌的时期，相应地，人们在装扮上的追求也达到了登峰造极的地步。高耸的发髻、夸张的妆面，各种摩登女郎衣着艳丽、风姿绰约。如果"穿越"到唐朝，你会觉得自己仿佛身处于世界时尚之都的大街上。经济的繁荣使得人们有时间和精力去追求美，因此各种妆容应运而生，一时间，多样的时尚并存。唐初期保留了隋的一些风格，到后来渐渐地发展了一些属于自身朝代特征的妆容。盛唐时期许多女子甚至将整张脸，包括眼睑、半个耳朵都涂上了红色，虽是夸张，却表现了当时的一种社会心态：积极乐观、豁达开朗。

图9-1 唐代红妆
唐·佚名《宫乐图》。图中的女子面施红妆、摇曳生姿。

图9-2 《官乐图》（仿妆）

10. 唐代还有哪些奇特的妆容?

唐代就只"红妆"一枝独秀吗?其实不然,还有一些妆容在历史中也留下过璀璨的印记。它们与"红妆"共存于世,虽然小众,却别有风情。

(1)因眼妆奇特而得名的"血晕妆"

从字面上看,血晕妆很容易跟红妆搞混,其实它一点都不"红妆"。宋代王谠的《唐语林·补遗》记载:"长庆(唐穆宗李恒年号)中……妇人去眉,以丹紫三四横约于目上下,谓之血晕妆。"这种妆要剃掉眉毛,用红紫色化妆颜料在眼睛上下各画三四道印记,如同被抓出的血痕一般。这大概是继薛夜来的斜红伤妆后,第二个模仿伤痕的妆,具体是唐朝哪位姑娘的奇思妙想,不得而知。

图10-1 唐代血晕妆
唐·赵逸公夫妇墓壁画,八字眉配血晕妆形象。

(2)令人啼笑皆非的"险妆"

险妆意为奇异的妆容,按照现代的解释就是古代的"杀马特"。一些不按传统、不按常规、匪夷所思的妆容,或者标新立异的妆容,比如剃掉眉毛、嘴唇涂黑、面部涂黑等都可以称得上"险妆"。据《新唐书·车服志》记载:"(唐文宗时期)妇人衣青碧缬,平头小花草履、

图10-2 唐代血晕妆(仿妆)

彩帛缦成履，而禁高髻、险妆、去眉、开额及吴越高头草履。"此妆容需先将眉毛剃去，再在高额处画眉，眉形如山峦，与常见眉形大不一样。无独有偶，日本平安时代贵妇们有一种眉形也是画在高额处。因其风格偏向于"审丑"，有破坏礼仪纲常之嫌，因此唐代曾明令禁止。《唐会要》就记载了这个事件："（唐文宗时期）妇人高髻险妆，去眉开额，以金银过为首饰，并请禁断。"

图10-3　唐代险妆　　　图10-4　唐代险妆（仿妆）
唐·陕西韩家湾唐墓壁画。

图10-5　同时期日本的"险妆"
日本893年壁画。画中女子高额画眉，与中晚唐时期的险妆有着异曲同工之妙。此壁画出现的时间段正好是我国唐代晚期。

11. 唐代假装楚楚可怜的"泪妆"因何而来？

泪妆是流行在盛唐时期宫廷中的一种"心机妆"。这种妆容抹素粉于眼角，似眼之泪，而得名。因之前武则天执政的影响，武周时期宫廷女性的妆容略带攻击性，广眉浓妆大红唇，再加上高髻大簪，俨然一副"女强人"的装扮，令人望而生畏。李隆基"上台"之后，女性强势的妆容风格又渐渐被"温软风"替代，最高统治者又换成了男性。那时的女性，在后宫生存不得不去迎合男性。想要在众多佳丽中脱颖而出，光争奇斗艳已不够，剑走偏锋有可能会有意外的收获，于是出现了"泪妆"。这种妆容在五代后周王仁裕的《开元天宝遗事》中有记载："宫中妃嫔辈，施素粉于两颊，相号为'泪妆'。识者认为不祥，后有禄山之乱。"传说因杨贵妃常作啼泪之妆，后便有安史之乱。更令人不解的是，到了南宋理宗朝时期，此类仿哭泣的妆容在宫中也颇为流行，没多久，南宋竟也寿终了。

12. 古代在宫廷任职的女性有着什么样的"白领妆"？

"白领妆"指的是职场女性的妆容，一般以简单大方为主，适用于商务和工作场合。

其实历朝历代的女官或者宫廷高阶婢女都有属于其任职期间的"白领妆"，每个朝代都有规范，这类统一的妆容叫"内家妆"。

南北朝时期的"内家妆"又叫"白妆"，以"白"为主角，就是不涂胭脂，不抹口脂，白粉敷脸，素雅白净。据五代后唐马缟的《中华古今注》记载："（南朝）梁天监中，武帝诏宫人……作白妆……"到了唐代，它成了孀妇守寡时的特殊妆容，唐代白居易的《江岸梨花》："最似孀闺少年妇，白妆素袖碧纱裙。"

图12-1　武周内家妆女官（仿妆）
面施芙蓉妆，双眉来分梢。
斜红鬓边画，发髻戴单刀。

唐代的"内家妆"以唐中宗时期为例，宫廷内府女子皆为同一系列发型和同一种妆容，身份职位以半翻髻、交心髻、螺髻为区别，品级越高则头上饰品越多。

　　清代的《前清宫词》就有记载清代"内家妆"的风格："内家装束入时无，窄袖低笼锦绣襦。垂发半抛慵绾髻，额端平插小牙梳。"虽然它一开始是宫廷内府妆扮，但后来民间觉得颇有腔调，也曾争相效仿。唐代王涯的《宫词》之七："为看九天公主贵，外边争学内家妆。"

图12-2　古代宫廷任职的女性
唐中宗时期·永泰公主墓石椁线刻女官形象。

022

13. 在唐代以年号命名的"天宝妆"是什么样子的?

以年号命名,那么这种妆就是只流行于该年号期间的时世妆,例如"天宝妆"。

天宝妆,流行于唐玄宗天宝年间。据《唐书·五行志》记载:"天宝初,贵族及士民,好为胡服胡帽,妇人则簪步摇钗,衫袖窄小。"那时胡风最为盛行,世人穿胡服、作胡妆,以此为潮流。这种装束与华夏之风截然不同,因此也极大地满足了人们的猎奇心理。由此可见,盛唐时期包罗万象,文化交流最为活跃。不过大诗人白居易却对此颇为反感,甚至作诗嘲讽,他为天宝年间的时世妆写过两首诗。一首为《上阳白发人》,以一个老宫女的视角自述悲苦的宫中岁月。一句"天宝末年时世妆"形象地表明上阳宫女幽闭深宫隔绝人世之久,跟不上时代终被世人遗弃,被时间淘汰,同时也反映出"时世妆"容易过时,容易被替换。另一首《时世妆》则更加直接:"……腮不施朱面无粉。乌膏注唇唇似泥,双眉画作八字低。妍媸黑白失本态,妆成尽似含悲啼。圆鬟无鬓堆髻样,斜红不晕赭面状。昔闻被发伊川中,辛有见之知有戎。元和妆梳君记取,髻堆面赭非华风。"白居易对过于开放的时政表现出了忧虑,点出了此类时尚"失本态""非华风"。安史之乱后,唐对胡有了戒心,开始排斥胡风。唐中后期开始,文化整体转向保守,审美也渐渐恢复了华夏之貌。

图13-1 天宝妆
《时世妆》中描写的倭堕髻、
八字眉、乌唇人物形象。

14. 古代美人的腮红是什么样子？

现代化妆中，腮红除了显气色的作用外，还可以修饰脸型。比如，腮红打在眼尾处或者下眼睑附近，则显得古典、妩媚；腮红在面颊处斜向上晕染，则显得有气质；腮红横扫在苹果肌上，则显得年轻可爱。那么在古代，腮红的位置是否也有很多种呢？以唐代为例，咱们来一起瞧一瞧吧。

（1）初唐时期

初唐武德时期延续了南北朝至隋代的风格，腮红淡雅清丽，面积不大，轻扫而过。贞观后期开始，略显浓，面积也略大，甚至在眼睛周围也出现了红晕，这大概是古代较早的眼影了（眼影腮红一体）。

（2）武周时期

这个时期女子当家做主，女性地位大幅度提高，从"女为悦己者容"变成了"女为己容"。腮红面积扩大，颜色比之前更为浓烈。

（3）盛唐时期

受武周时期的影响，盛唐时期的腮红尤为浓烈，出现了"酒晕妆"，这种妆的

图14-1　初唐武德时期的腮红
唐·献陵墓室壁画。图中侍女身穿长裙，头梳椎髻，腮红呈圆形，在面颊正中，颜色淡雅。

图14-2　初唐贞观后期的腮红
唐·昭陵燕妃墓壁画。图中侍女服饰与发型跟初唐武德时期的相差不大，而腮红面积明显扩大了许多。

图14-3　唐武周时期的腮红
唐·绢衣彩绘木俑，新疆维吾尔自治区博物馆藏。武则天执政时期的形象，妆容比初唐时期要浓艳一些，腮红面积又大了一圈，颜色更为艳丽。

图14-4　盛唐时期的腮红
唐·彩绘陶俑。此陶俑的腮
红尤为夸张，几乎占据了整
张脸。

图14-5　中唐时期的腮红
唐·张萱《虢国夫人游春图》
（宋徽宗摹本，局部）。画卷
虽为盛唐时期的题材，但画中
男装丽人的衣着打扮为中唐时
期的风格。这一时期的腮红色
泽低调，不似盛唐时期那般张
扬。

图14-6　晚唐时期的腮红
晚唐·敦煌供养人，敦煌
地区贵族女子盛装形象。
腮红形状像一个口袋，颇
为新颖。

腮红面积之大，几乎占据了整个面颊，脸似火烧。直至天宝末年才有
所收敛，面色如芙蓉，柔和娇媚。唐代白居易的《长恨歌》："芙蓉
如面柳如眉。"

（4）中唐时期

经安史之乱，中唐时期的整体氛围趋向保守，此时的腮红不光面
积减小，颜色也减淡了不少，"檀粉"使用较为流行。不过在贞元年
间，浓妆在短时间内又盛行了起来，腮红形状颇为奇特，眉毛之下皆
涂红，留有额头、鼻子、下巴、额角和耳畔，整张脸的红色区域远看
犹如两片肺叶。

（5）晚唐时期

晚唐的腮红除了常规形状外，还出现了交叠的形式，即两种颜色
的腮红叠加。浅色面积略大，深色面积略小。浅色自眉下晕色过渡至
下颌，深色于苹果肌之上，多为半月形，切面朝上。

15.五代十国的美人流行什么妆容?

五代十国延续了晚唐的审美,将晚唐的"余晖"用自己的方式呈现。五代十国的美人时而端庄大气,时而婀娜婉约,与唐时美人平分"春花秋月"之色。此时期美人的高髻、红妆、花钿种类之多,与唐相比有过之而无不及。爱复古风格的美人做了"酒晕妆""泪妆",爱创新的美人做了"北苑妆""碎妆"。这段时间是整个中国美妆史的转型期,它总结了前朝的审美情趣,也开辟了后世的审美走向。

(1)北苑妆

北苑妆流行于南唐宫廷之中,宋代陶谷的《清异录·妆饰》:"江南晚季,建阳进油茶花子,大小形制各别,极可爱,宫嫔缕金于面,皆以淡妆,以此花饼施于额上,时号'北苑妆'。"茶油花子用油脂做成,置于钿镂小银盒内,用时呵气即可贴于皮肤上。《十国宫词》:"茶油花饼镂金黄,雅淡新翻北苑妆。宫样更夸天水碧,薄绡争染露珠凉。"用花形做花钿施于额上,是五代常见的一种面妆,一般有"梅花""桃花""牡丹""莲花"等纹样,更有甚者,在花形处点黄金来做修饰。

图15-1 北苑妆(仿妆)

图15-2 晚唐北苑妆
晚唐·周昉《簪花仕女图》（局部）。女子发际线处涂金，皮肤和发丝上都有金粉，非常别致。

有关于"镂金黄"，在晚唐至五代周昉的《簪花仕女图》中能明显地看到，仕女额头发际线处有金色的妆饰，似抹上去的，又似撒上去的。

（2）碎妆

碎妆流行于后周宫廷之中。用形形色色的材质制作成各种形状的纹样贴在脸上，纹样颜色各异、形状不同、细碎复杂，故称"碎妆"。这种面妆较适用于面若圆盘的女性，如果脸型过小，面饰就显得拥挤，反而没有美感。《中华古今注》记载："至后周，又诏宫人帖五色云母花子，作碎妆以侍宴。"这种妆在五代时期所绘的敦煌壁画供养人中时常能看到。

图15-3 五代碎妆
五代·供养人形象。图中人物的面饰华丽繁多。

图15-4 五代碎妆（仿妆）

（3）醉妆

此妆流行于五代前蜀宫廷之中。《北梦琐言》言："蜀王衍，常裹小巾，其尖如锥，宫妓多衣道服，簪莲花冠，施胭脂夹脸，号'醉妆'。"《世家·前蜀世家第三》又记载："而后宫皆戴金莲花冠，衣道士服，酒酣免冠，其髻髽然，更施硃粉，号'醉妆'，国中之人皆效之。"根据记载，"醉妆"是用"硃粉"成妆，"硃粉"又称"朱粉"，为胭脂与铅粉混合的化妆品，呈粉白色。《十国宫词》云："脸夹燕支冠带莲，醉妆相对坐生怜。风流只爱寻花柳，不走者边便那边。"

图15-5 醉妆
明·唐寅《王蜀宫妓图》（局部）。此幅作品展现的是五代十国时期前蜀宫妓的整体造型，画中女子头戴莲花冠，两颊施以檀粉，涂抹面积极大，看似畅饮之后面红耳赤的状态。

16. 古人眼中的"神仙姐姐"是什么样的？

奇"妆"异服其实历朝历代都有，但多数仅仅限于时世，而五代十国时期的特殊打扮却影响到了后世。到底是怎样的装束这么具有感染力呢？

对于五代十国，很多人不太熟悉，说起来也只知道这个时代出了一个叫"李煜"的不爱江山爱美人的皇帝。他所统治的南唐歌舞升平，文艺气息渗入雕梁画栋之间。相传自杨贵妃死后，《霓裳羽衣》便遗失了，但据说这首惊为天人的神仙曲子，硬是被李煜的爱妻大周后给复原了出来。"霓裳法曲谱开元，利拨檀槽雅制存。一自玉环留别后，空将金屑殉芳魂。"《南唐书》记载："故唐盛时，《霓裳羽衣》最为大曲。乱离之后，绝不复传。后（大周后）得残谱，以琵琶奏之，于是开元天宝之遗音复传于世。"《十国春秋注》："后主诔周后词，有'利拨迅手，重新雅制'等句。"南唐重开"仙女之风"，一时间遍地开花，整个十国，衣袂翩翩，香云雾绕，真谓"霓裳唱罢后庭酬，履舄交欢醉未休。怪道江边珠翠绕，浣花溪上看龙州"。

据《十国春秋》记载："（前蜀）乾德二年，下诏北巡，秋八月，帝发成都，

图16-1 古人心中的"仙女"

唐·吴道子《八十七神仙卷》。图中仙女们身披霓裳羽衣、头梳鬓髻佩戴冠饰、祥云冉冉，吉幡飘飘。

被金甲，冠珠帽，执戈矢而行。后妃饯于升仙桥，遂以宫女二十人从行，至汉州，浮江而下。壬申至，阆州舟子皆衣锦绣，帝自制水调银汉之曲命乐歌之。""冠珠帽"这种打扮常见于仙人壁画中，属于"道家妆"的一个特征。《北梦琐言》中就记载了这种打扮："（前蜀）常裹小巾，其尖如锥，宫妓多衣道服，簪莲花冠……"这种打扮还会配上"醉妆"，具有微醉之感，媚态十足。据《十国春秋·前蜀后主本纪》记载："妃嫔皆戴金莲花冠，衣道士服。"《十国宫词》又云："云冠羽氅道家妆，慷慨身投烈焰亡。无限江山容易别，白衣纱帽愧君王。"明代唐寅所画《王蜀宫妓图》中题字"莲花冠子道人衣，日侍君王宴紫微。花柳不知人已去，年年斗绿与争绯。蜀

后主每于宫中裹小巾，命宫妓衣道衣，冠莲花冠，日寻花柳以侍酣宴。蜀之谣已溢耳矣。而主之不挹注之，竟至滥觞。俾后想摇头之令，不无扼腕。"唐寅所绘情景与历史记载颇为吻合，然前蜀风尚有可能衣更宽大、髻更高，首服更偏向于晚唐遗风。

把自己打扮成仙女的样子，看来古已有之，"仙女梦"并不只有我们小时候披床单耍蚊帐的时候有。爱美之心，人皆有之。现在的我们在模仿古人的穿着打扮，而当时的古人也是在模仿前朝之人以及想象中的"仙女"。

莲花冠子道人衣日侍君宴

紫微花柳不知人已去年闲绿

兴幸绯

蜀後主每於宫中暴小巾命宫妓

衫道衫冠蓮花冠日尋花柳以

侍甜宴蜀之諂巴滿耳矣而主之

不艷注之竟至滅陽伊後想搖

頭之令不無挹腕 唐寅

图16-2　道家妆

明·唐寅《王蜀宫妓图》。图中四个宫妓，作女道打扮。

17. 宋代女子使用哪些胭脂水粉?

图17-1　汉代宴饮歌舞杂技场面
汉·画像砖。汉代时期的宴会场
面，一般是多个节目一起表演。

图17-2　近现代的固体粉块——
鸭蛋粉

宋代的经济飞速发展，其中勾栏瓦舍娱乐业也开启了历代先河。宋之前的歌舞音乐杂技等表演，或是在贵族宴会之上，如汉晋画像砖中的描绘，抑或是纯粹的"街头艺术"。到了宋代，以勾栏为代表的综合性娱乐业蓬勃发展，大量的伶人出现在了社会行业中，胭脂水粉在原有的生活所需的基础上，进一步添加了职业需求。

比如南宋铅粉块，这种妆品打破了以往妆粉的规格和形态，从粉状物、膏状物演变成了固体块状物（大抵类似"谢馥春"的鸭蛋粉）。南宋福建福州黄昇墓出土的铅粉块做工精美，有圆形、菱花形、葵花形、方形和六角形等，铅粉块表面印有梅、兰、菊、荷、牡丹、水仙等花纹图案。这大概是当时比较奢侈高档的化妆品

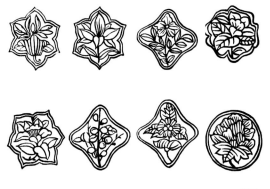

图17-3　粉块纹饰图
南宋·福建福州黄昇墓出土粉饼的线描图。福建博物院展。图中的铅粉块纹饰花样繁多，宋代人们已经意识到商品品相的重要性，这与现在一些国产化妆品的样式有着相似之处。

了，不光有实用性还具有观赏性。除了铅粉块，还有铅粉条，又称"铅粉笔"，形状为条状，可用于作画，亦可作为妆品。除了铅粉外，胭脂也是必不可少的一种妆品。宋代的胭脂基本上延续了前朝的那些品种。

图17-4　粉盒
北宋·越窑青瓷牡丹纹粉盒，浙江宁波慈溪市樟树砖瓦厂出土。

图17-5　粉扑花形
南宋·福建福州黄昇墓出土粉扑的线描花形示意图。

宋代的文人在诗词上也时常会提到胭脂，宋代蔡松年的《鹧鸪天》："胭脂雪瘦熏沉水，翡翠盘高走夜光。"宋代欧阳修的《南乡子》："浅浅画双眉。取次梳妆也便宜。洒着胭脂红扑面，须知。"就连皇帝也会兴致勃勃吟诵胭脂，比如宋徽宗赵佶的《燕山亭》："裁剪冰绡，轻叠数重，淡著胭脂匀注。"宋人制作胭脂会用一种叫作"紫铆"的植物上的小虫分泌物，明代李时珍的《本草纲目》记载："紫铆状如糖霜，结于细枝上，累累然，紫黑色，研破则红。今人用造绵胭脂，迩来亦难得。"跟铅粉一样，胭脂也有胭脂条，又称"胭脂笔"。

由于宋代女子对胭脂水粉的需求量大，市井已出现了专门供货的胭脂水粉铺子，类似于现代的化妆品店。《梦粱录》的"铺席"条记录了一批宋代"网红店铺"，其中就有"修义坊北张古老胭脂铺"与"染红王家胭脂铺"。胭脂水粉铺子的出现，意味着原始原创品牌的诞生。每个铺子都有自己的特色，会设计独有的花形花纹，为自家的化妆品冠以标识。

图17-6 宋代伶人
南宋·佚名《歌乐图》。南宋时期、歌乐表演排练的场景。

18. 宋代有哪些护肤美容用品?

精致的宋代女子,衣食住行无不透露着"小资"情调,因此除了化妆品外,她们妆奁中的护肤品也是琳琅满目。

(1)玉龙膏

玉龙膏是一种面油,始于唐代,一般在秋冬时节使用,深受贵族男女喜爱。有时候皇帝一高兴,会将此物当作奖赏赐予后宫或者大臣。宋代庞元英的《文昌杂录》记载:"今谓面油为玉龙膏。太宗(宋太宗)皇帝始合此药,以白玉碾龙合子贮之,因以名焉。"

(2)桃花膏

桃花其实是个宝,可观赏、可酿酒、可做糕点、可泡茶、可做面饰,亦可当护肤品使用。可护肤,主要是由于桃花具有清热解毒、活血化瘀、使肌肤细腻的功效。在唐代,桃花深受宫廷上层的喜爱。到了宋代,其被加工成了一套护肤品:桃花膏、桃花面膜和内服保健品。宋代的《圣济总录》记载,将桃花风干研成粉末藏在瓶罐之中,于七月七日取乌鸡的鲜血,与桃花粉混合调匀制成膏,洗脸后可涂在脸上。

(3)却老霜

一种抗衰老的面霜。宋代陶谷的《清异录》记载:"却老霜,九炼松枝为之,辟谷长生。"

(4)孙仙少女膏

传说这是一个孙姓修道女子(金)独创的洗脸沐浴混合膏,用黄檗皮、土瓜根、红枣等研磨加工制成。在宋代陈元靓的《事林广记》中记载:"同研细为膏,常早起化汤洗面用,旬日,容如少女;取以治浴，尤为神妙。"

（5）玉女桃花粉

据宋代陈元靓的《事林广记》记载："玉女桃花粉：益母草……端午间采晒烧灰，用稠米饮搜（馊），团如鹅卵大，熟炭火煅一伏时，火勿令焰，取出捣碎，再搜拣两次；每十两别煅石膏二两，滑石、蚌粉各一两，胭脂一钱，共研为粉，同壳麝一枚入器收之。能去风刺，滑肌肉，消瘢点，驻姿容，甚妙。"这种粉，有着能去粉刺、使肌肤嫩滑、消退痘印等功效。

宋代的美容用品主要记载于《太平圣惠方》以及《圣济总录》中，除了以上这些，宋代另有一些治疗脱发、白发的方子，以及药膳等。

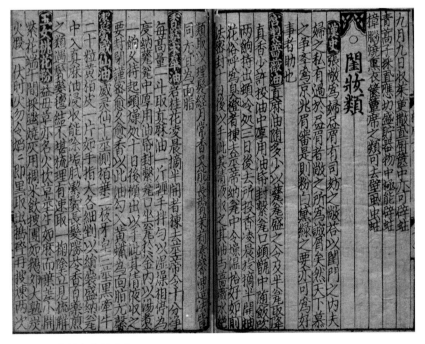

图18-1 文献中的护肤品

宋·陈元靓《事林广记》，元至顺年间西园精舍刊本，日本内阁文库藏。书中记载了十余种护肤用品，包括"孙仙少女膏""玉女桃花粉"等。

19. 元代有哪些美容方法?

很多人对于元代知之甚少,其实元继承了宋的雅致,听曲、喝茶、赏字画等活动渗透到社会各个地方。元代爱美人士该精致的还是那么精致,元代医学家许国祯编著的《御药院方》就收录了很多美容养颜的方子。它还记载了宫廷美容"三联方",这"三联方"由楮实散、桃仁膏、雨屑膏三方组成。第一方用于洗脸,第二方在洗脸之后敷面,第三方在第二方用后涂于面上。这跟我们现代的洗面奶、爽肤水、润肤乳的作用类似,做到了清理皮肤和护理皮肤的成套性。想象一下,如果能到元代开个美容院,洗护一条龙,清洁加保养,说不定可以将事业做大,远近闻名。

图19-1　精致的元代美人
元·刘贯道(传)《竹林仙子轴》(局部)。

20. 明代女子流行哪些美妆用品?

商品经济的发展加上历代化妆品制作经验的积累,使得明代美妆用品制作技艺日渐成熟,生产趋于规模化,为清代"国产化妆品专营店"的产生奠定了基础。

明代的化妆品工艺较之前更加细致,除了改进了一些前朝传统的化妆品之外,又增添了不少新的美妆用品,比如珍珠粉、玉簪粉等。

(1)胡胭脂

这种胭脂在宋代制造的基础上,做了一些功能的提炼。据明代李时珍的《本草纲目》记载:"紫出南番,乃细虫为蚁虱缘树枝造成……今吴人用造胭脂。"这种"紫"为紫铆树上一种昆虫的分泌物,可加工制成用于化妆的胭脂,因生产地非中原地区而被称为"胡胭脂",又称"紫胭脂"。紫色可提亮美白,用紫胭脂后,面颊白皙嫩滑,显得神清气爽。

图20-1 玉簪花
玉簪花因其花苞似簪、色白
如玉而得名。

（2）玉簪粉

玉簪粉用玉簪花、胡粉等加工而成。明代秦兰徵的《天启宫词》曰："玉簪香粉蒸初熟，藏却珍珠待暖风。"注解道："宫眷饰面……秋日，玉簪花发蕊，剪去其蒂如小瓶，实以民间所用胡粉，蒸熟用之，谓之'玉簪粉'。"在《崇祯宫词注》中也有相关记载："宫中收紫茉莉，实研细蒸熟，名'珍珠粉'。取白鹤花蕊，剪去其蒂，实以民间所用粉，蒸熟，名'玉簪粉'。此懿安从外传入，宫眷皆用之。"

玉簪粉能润泽肌肤，又能作为妆粉，并且自带花香。明代徐渭的《玉簪》："南州颇兢玉簪粉，北里争插红姑娘。"

（3）珍珠粉

与玉簪粉相媲美的还有珍珠粉，它是用珍珠加工而成的妆粉。明代李时珍在《本草纲目》中记载："珍珠涂面，令人润泽好颜色。涂手足，去皮肤逆胪……令光泽洁白。"在《天启宫词》中则记载了另一种说法，"珍珠粉"为"收紫茉莉实，捣取其仁，蒸熟用之，谓珍珠粉"。

图20-2　珍珠粉
珍珠粉分淡水珍珠粉和海水珍珠粉。海水珍珠更适合加工珠宝首饰。

21. 明代女子日常使用哪些护肤用品?

除了有新的化妆品出现外，明代护肤类的用品也增添了不少，比如杏仁膏、桃仁膏等药妆。

（1）杏仁膏

杏仁膏具有滋润美白肌肤、缓解衰老、抗皱纹、祛黑斑、祛粉刺等功效。因为杏仁性寒，能清热解毒，在制作中加入鸡蛋清，则能去黑头粉刺，使皮肤光洁。此方记录在明代朱橚的《普济方》中。

（2）桃仁膏

粳米浆与桃仁一起熬制，用作洗面奶，长期使用可以活血化瘀、润泽肌肤。此方记录在明代李时珍的《本草纲目》中。

（3）红颜膏

用猪胰、芜菁子、瓜蒌子、桃仁等，和酒一起捣，可用作面膜，敷在脸上。长期使用能防冻抗皱、滋润肌肤、活血养颜。此方出自《普济方》。

22. 清代宫廷女子使用哪些护肤美容用品?

清代的护肤用品中,排在销量榜上首位的还是"珍珠粉",它一直到清末都是众多女性的首选护肤用品,慈禧就是珍珠粉的"忠实粉丝"。慈禧的女侍官德龄公主在《御香缥缈录》中记述:"(慈禧)五六十岁时,肌肤仍宛若处子。"清代徐珂的《清稗类钞·服饰》也有相关记载:"清孝钦后(慈禧)好妆饰,化妆品之香粉,取素粉和珠屑,艳色以和之,为'娇蝶粉'。"这"娇蝶粉"的成分中就含有珍珠。

除了"珍珠粉",在《宫女谈往录》中记载了更多西太后以及当时宫女美容化妆的细节:(宫粉)它是由米粉、蓝母草粉、珍珠粉、香料调配而成。慈禧太后白天化妆时令宫女用此粉薄施于面,晚间入睡前将此粉敷于脸部、脖颈、前胸、手臂等处,用以护肤。另外,慈禧太后不仅注重"妆粉"一类的化妆用品,还特别留意使用中药制成的各种美容用品进行细致的护肤养颜,宫中御医们为此设计了不少专用的美容用品。专供慈禧太后使用的"美容用品"包括沤子方、玉容散、藿香散、栗荄散,以及加味香肥皂等。

爱美的慈禧用完护肤品之后,还喜欢用美容仪器——"玛瑙太平车"。用它在面部滚动,可提升皮肤对于护肤品吸收的效果,提拉面部、疏通经络、抚平皱纹。这种"神器"跟我们现在的一些美容仪器颇为相似,不得不感叹,我们又用着古人"玩剩下的"。

图22-1 慈禧太后专用的玛瑙太平车

眉眼何所描?

——古代美人的描眉、画眼等眼妆之问

23. 先秦时期什么样的眉形是美人的最爱?

屈原在《离骚》中有一句话:"众女嫉余之蛾眉兮,谣诼谓余以善淫。"大意为:那些女子嫉妒我的蛾眉,因此造谣我生活不检点。一对眉毛能引起其他人的嫉妒?这似乎有点匪夷所思。尽管屈原是以此在比喻自己的才华遭人妒忌,但是翻看《楚辞》以及后世的文学典籍,不难发现"蛾眉"的确很受欢迎。

"蛾眉"为又细又长的眉毛,类似昆虫头上两根细长的触须。屈原的《楚辞·大招》曰:"嫭目宜笑,蛾眉曼只。"《楚辞·招魂》又曰:"蛾眉曼睩,目腾光些。"都描写了蛾眉美目的美好。后世,明代的冯梦龙在《东周列国志》第五十二回中写

图23-1 蛾眉
战国·彩绘木俑,湖北荆州
楚墓出土。

先秦时期的美人时就用了"蛾眉"："那夏姬生得蛾眉凤眼，杏脸桃腮，有骊姬、息妫之容貌……""蛾眉"频频出现在当世与后世的文学作品中，可见其受欢迎程度之高，到后来"蛾眉"一词就干脆成了美女的代称。

这种弯而细的眉形在先秦时期比较流行，有些地区还不分男女，人人皆想拥有。

图23-2　飞蛾又长又细的触须

24. 平眉真的是韩剧女星的专属吗？

"韩剧热"使国内的风尚圈刮起了一股"韩式眉"的风，大街小巷无处不见"韩式眉"。什么是"韩式眉"？有人总结为又平又粗的眉形。随着韩剧的热播，国内影视剧也纷纷效仿韩式妆面，一时间，无论是古装剧还是时装剧，几乎全部是粗平眉。

实际上，粗平眉仅适用于部分人群，并不是人人都适合。在影视剧中也需看角色要求，而不是统一一种眉形。几年下来，人们开始对满大街的粗平眉有些审美疲劳了，于是出现了一些对粗平眉不满的声音，甚至对任何平眉都"一视同仁"，认为平眉不适合中国人。那么平眉真的是外来文化吗？

其实我国早在春秋战国至汉代，就有平眉的影子了，比如湖南长沙马王堆出土的几个彩绘女俑，皆是平直的眉形。战国晚期的形象与西汉早期的比较接近。由此可见，时尚风格并没有跟改朝换代同步进行。

屈原在《楚辞·大招》就提到了平直的眉毛："青色直眉，美目婳只。"这里的"青色"指黑色，大多数文人喜欢用"青"描述眉毛、眼睛、头发等，比如"青丝"，指的就是乌黑的头发。不过钱锺书却认为"直眉"并不是"平直的眉毛"，他在论《大招》中指出：前面刚刚说"曲眉"，这里又突然说"直眉"，（《大招》前文提到了曲而细的蛾眉）岂不是自相矛盾？他认为这里的"直"相当于"值"，表示眉毛细长几乎与两鬓相接。但无论屈原所指为何，这段话都能表明平眉在当时实实在在存在着。

说了细眉，再来说粗眉。《乐府诗集·杂歌谣辞》的《城中谣》写道："城中好广眉，四方且半额。"这首乐府诗讽刺了东汉时期相互攀比的风气，城中女子喜好粗眉，城外的女子就把眉画得更粗，甚至占据了半个额头。东汉时期的粗眉形象，在洛阳唐宫中路东汉墓壁画《夫妇宴饮图》与西安理工大学西汉墓壁画中皆能看到。所以，无论是细平眉还是粗平眉，都在中国古代就流行过了。

图24-4　东汉粗平眉
东汉·《夫妇宴饮图》（局部）。图中左边的女主人画着一对粗平眉。

图24-5　西汉粗平眉
汉·西安理工大学西汉墓壁画。图中的女子们都画着粗平眉。

25. 汉代女子最喜欢哪一类眉形?

先秦时期，女子多以弯曲的蛾眉为美，那么到了汉代，位居眉形榜首的会是哪款眉毛呢?

汉武帝刘彻有许多妃子，其中最得宠的要数那位"倾国倾城"的李夫人。这位李夫人不仅拥有一头能与皇后卫子夫媲美的长发，同时还有一对令汉武帝痴迷的美眉。不过李夫人福短，年轻早逝，为表达哀思，汉武帝写了一篇纪念李夫人的赋——《李夫人赋》。此赋开头就写道:"美连娟以修嫭兮，命樔绝而不长。"意思为:你的姿容纤弱而美好啊，可叹性命短暂不长久。"你的姿容纤弱而美好"到底美好在哪里?"连娟"二字在古文中经常用来形容眉毛弯曲而纤细，比如司马相如的《上林赋》:"长眉连娟，微睇绵藐。"这句话也被司马迁收入《史记·司马相如列传》中。由此可见，李夫人长眉微蹙，弱柳扶风，这种柔弱的形象符合汉武帝大男子主义的审美，于是，李夫人顺理成章成了刘彻的"白月光"，死后也与刘彻同陵寝。

"长眉连娟"的形象在西汉早期出土的女性俑中颇为常见，这款眉形几乎坐稳了整个西汉时期眉形榜首，后来深受欢迎的"远山眉"（其形细长而舒扬，颜色略淡，清秀开朗）便是脱胎于它。

图25-1 长眉连娟
西汉·彩绘灰陶女立俑。图中女俑的眉形又细又弯，这样眉形，有甚者，长至鬓角。

26. 汉代至南北朝的女子眉妆居然是五颜六色的？

你见过绿色的眉毛吗？晋代陆机的《日出东南隅行》云："蛾眉象翠翰。"南朝费昶的《采菱曲》云："双眉本翠色。"这种眉毛便用绿色的颜料描画而成。《妆台记》记载："魏武帝令宫人扫青黛眉……"《坠楼哀》也描写了西晋美女绿珠的绿眉："黛蛾绿，颜色不随人反覆。""黛蛾绿"指的就是绿色的眉毛，这种颜色的眉毛为铜绿（铜锈）所绘。

除了绿色的眉毛，居然还有红色的眉毛。南北朝何逊的《咏照镜诗》云："聊为出茧眉。试染夭桃色。""夭桃色"为艳红色，大抵用胭脂之类描画而成。除绿色、红色外，汉魏六朝的女子还会画黄色的眉毛。北周庾信《舞媚娘》诗："眉心浓黛直点，额角轻黄细安。"《隋书·五行志上》对此妆也描写道："（北）后周大象元年……朝士不得佩绶，妇人墨妆黄眉。"

图26-1 翠眉
中唐·敦煌莫高窟159窟壁画。

图26-2 南北朝红眉（仿妆）
眉是夭桃色，唇是红花染。
飞鬓为新潮，不输后世妆。

27. 汉代至唐代女子的画眉用品有哪些?

在化妆过程中,画眉是比较重要的一个步骤,一对合适的眉毛会给人增色几分。画眉用品在古代多称为"黛",《释名》中记载:"黛,代也。灭眉毛去之,以此画代其处也。"因此,古代画眉与现代画眉一样,先要修眉。古代画眉用品的颜色也并非仅有黑色,根据深浅之分,有青色、青绿色、深灰色等。

(1) 黛砚

黛砚为石质的画眉化妆品,使用时先将石黛放在黛砚上研磨成粉,再用水调和,而后研磨成墨,类似文房四宝中的"砚台",故而称为"黛砚"。

左/图27-1　黛砚
汉·云纹彩绘漆盒黛砚、扬州博物馆藏。这种砚台式的眉妆用品,大抵配以毛笔类的工具来描画眉形。

右/图27-2　描眉笔
汉·描眉笔,甘肃省武威市磨嘴子汉墓出土。描眉笔用于在黛砚上蘸取黛墨描画眉毛。

（2）石墨

石墨又名"石黛""画眉石"。石黛可以当写字笔使用，它是一种天然墨石。用其画眉有两种方式，一种是用棒在其上划出颜色，画于眉上；另一种是将其碾碎在黛砚上使用。南北朝徐陵的《玉台新咏序》："南都石黛，最发双蛾。"唐代诗人刘长卿的《扬州雨中张十宅观妓》："残妆添石黛，艳舞落金钿。"这种画眉的物品为石墨材质的条状物，可直接用于描画眉形，颜色为黑色。

图27-3 画眉石
汉·石黛。

（3）青雀头黛

青雀头黛产于西域，南北朝时期传入中原，颜色为深灰色。因其颜色类似绿背山雀颅顶的毛色而得名。宋代李昉的《太平御览》记载："河西王沮渠蒙逊，献青雀头黛百斤。"这种眉妆用品，多用于描画与"远山眉"类似的需要晕色的眉形。

图27-4 绿背山雀
绿背山雀又叫"青雀"，其头部与脖子处的羽毛颜色呈浓重的深灰色（青灰色）。

（4）螣

汉代贾谊在《新书·劝学篇》中有提到："傅白螣黑。"《说文解字》对此注解："螣，画眉墨也。"这大概是一种液体状的画眉用品，使用时也需要用毛笔蘸取，在宋代尤为流行。清代诗人朱彝尊在《鸳鸯湖棹歌之三十五》一诗写道："画眉墨是沈珪丸，水滴蟾蜍砚未干。"沈珪是南唐著名的制墨匠人，他制成的墨漆黑发亮，称"漆烟"。朱彝尊将画眉石等同于沈珪的墨，一是其颜色正宗纯黑，也有可能"滕"乃黛砚与石墨结合而成，类似日常砚墨组合。

（5）螺子黛

螺子黛出自古波斯国（今伊朗地区），隋炀帝时大量进口到中国。它与"青雀头黛"一样，是外国进口的化妆品。据唐代冯贽的《南部烟花记》记载："（隋）炀帝宫中，争画长蛾，司宫吏日给螺子黛五斛，出波斯国。"唐代颜师古的《隋遗录》卷上也记载："（吴）绛仙善画长蛾眉，……由是殿脚女争效为长蛾眉，司宫吏日给螺子黛五斛，号为蛾绿螺子黛，出波斯国，每颗值十金。"这种眉妆用品，蘸取清水就能使用，极为方便。

（6）铜黛

铜黛取自铜绿，呈青绿色。据《隋遗录》的记载，因螺子黛为波斯国进口化妆品，每颗值十金，又被隋炀帝宫中女官吴绛仙用得出神入化，宫中女子都争相使用，后因征赋不足，导致供不应求，不法奸商就以次充好，拿铜黛混杂。由此可以推断出螺子黛的颜色为黑中带绿，如此铜黛才有机会李代桃僵蒙混其中。

28. 唐代女子的眉形有哪些?

据史料记载,唐代大概是古代眉毛形状最多样的一个朝代。盛唐时期,唐玄宗就命画匠画过眉形的样式图,以此来记录开唐以来女子的眉毛的种类。唐代张泌将此事记录在《妆楼记·十眉图》里:"明皇幸蜀,令画工作十眉图,横云、斜月,皆其名。"唐代宇文士亦在《妆台记》中收录了当时所绘的十种眉毛的名称:"一曰鸳鸯眉(又名八字眉),二曰小山眉(又名远山眉),三曰五岳眉,四曰三峰眉,五曰垂珠眉,六曰月棱眉(又名却月眉),七曰分梢眉,八曰涵烟眉,九曰拂云眉(又名横烟眉),十曰倒晕眉。"但其实从唐代出土的文物和传世的画作来看,唐代女子的眉形远远不止十种。我们从唐代诗词以及相关文献资料中找一找这些散落在白纸黑字中的风华。

(1)蛾眉

蛾眉在唐朝之前就比较流行,最早可以追溯至春秋战国时期,《诗经·卫风·硕人》就有提到"螓首蛾眉",《楚辞·大招》中亦有"蛾眉曼只"的描写。到了汉魏时期,据五代后唐马缟的《中华古今注》记载,魏宫宫女"作蛾眉,惊鹄髻"。隋代时,蛾眉一度成为宫廷

图28-1　唐代蛾眉
唐·张萱《虢国夫人游春图》(传宋徽宗临摹,局部)。图中的贵妇淡扫蛾眉,妆容清雅。

的当红眉形，唐代颜师古在《隋遗录》有此记载："（吴）绛仙善画长蛾眉，帝色不自禁，回辇召绛仙，将拜婕妤。"到了唐代，蛾眉的受欢迎度不减反增，唐代张祜的《集灵台·虢国夫人承主恩》诗云："虢国夫人承主恩，平明骑马入宫门。却嫌脂粉污颜色，淡扫蛾眉朝至尊。"唐代王翰的《相和歌辞·蛾眉怨》："忽闻天子忆蛾眉，宝凤衔花揲两螭。"

（2）青蛾眉

青蛾眉是一种换色蛾眉，蛾眉呈黑色，青蛾眉则为青黑色。唐代杜甫的《一百五日夜对月》："仳离放红蕊，想像嚬青蛾。"唐代白居易的《逢旧》："我梳白发添新恨，君扫青蛾减旧容。"青蛾眉与魏晋南北朝的翠眉颇为相似。"青蛾"有时候亦可指代年轻女子，比如唐代杜甫的《城西陂泛舟》："青蛾皓齿在楼船，横笛短箫悲远天。"唐代杜牧的《重登科》："花前每被青蛾问，何事重来只一人。"

（3）却月眉

唐代细眉主要存在于初唐和中唐时期。却月眉的形状如一个卧倒的弯月，两头尖，中段略宽。与"蛾眉"略像，但比之略粗，又称"月眉""月棱眉"。此

图28-2　唐代却月眉
唐·昭陵壁画。

眉形被唐玄宗收录在《十眉图》中。唐代杜牧的《闺情》："娟娟却月眉，新鬟学鸦飞。"唐代李白的《越女词五首》："长干吴儿女，眉目艳新月。"

（4）柳叶眉

柳叶眉因眉形似柳叶而得名，亦在唐玄宗的《十眉图》中。眉头比眉尾略粗，中段渐粗，眉尾渐细，眉色自眉头向眉尾逐渐由浓转淡。它还有一个名字叫"涵烟眉"。明代田艺蘅的《留青日札》中记载："'涵烟眉'，即今'柳叶眉'。"清代徐士俊的《十眉谣》对此眉形的注解："眉，吾语汝，汝作烟涵，侬作烟视。回身见郎旋下帘，郎欲抱，侬若烟然。"唐代李商隐的《和人题真娘墓》："柳眉空吐效颦叶，榆荚还飞买笑钱。"这款眉形自唐代开始，与蛾眉平分秋色，很快在美妆界占据了重要的位置，后来它的地位甚至渐渐超越了蛾眉。这种眉头粗于眉尾的眉形与现代眉极为相似，后世的通俗小说中都将其"安"在了美女的脸上。值得一提的是，唐代的柳叶眉与后世的柳叶眉有些许区别，唐代的柳叶眉眉形略粗，形态舒扬，后世的柳叶眉比较细，形态柔和平缓一些。

图28-3　唐代柳叶眉

图28-4　唐代柳叶眉（仿妆）

（5）啼眉

"啼眉"又称"愁眉"，最早的记载可以追溯至东汉时期。这种眉毛的画法为眉头朝上，眉形平缓，看似锁眉状，有一种蹙眉之感。啼眉的形象可以参照成语"愁眉不展""愁眉紧锁"，意思是双眉挨近、紧蹙在一起、眉头翘起的样式，与"八字眉"的形状有些不同。唐诗中亦有不少此眉形的身影，如白居易《代书诗一百韵寄微之》中的"风流夸堕髻，时世斗啼眉"，元稹《瘴塞》中的"瘴塞巴山哭鸟悲，红妆少妇敛啼眉"等。

（6）出茧眉

此眉形状如春蚕破茧，又短又粗。有平式亦有两头向上翘的形状，后者略显忧愁。它最早出现在南北朝时期，南朝梁诗人何逊的《咏照镜》写道："聊为出茧眉，试染夭桃色。"它在唐代也出现过，但是流行时间不长，唐代陆龟蒙的《和袭美馆娃宫怀古五绝》："一宫花渚漾涟漪，侵堕鸦鬟出茧眉。"

图28-5　唐代啼眉
唐·赵逸公墓壁画。

图28-6　出茧眉
十六国·甘肃酒泉丁家闸
十六国墓壁画。

图28-7　唐代出茧眉
唐·惠陵壁画。画中女子头梳倭堕髻、眉作出茧样。

（7）八字眉

八字眉又叫"鸳鸯眉"。明代杨慎在《丹铅续录》写道："一曰'鸳鸯眉'，又名'八字眉'。"清代徐士俊将唐代《十眉图》中的"鸳鸯眉"进行了注解："鸳鸯飞，荡涟漪；鸳鸯集，戢左翼。年几二八尚无良，愁杀阿侬眉际两鸳鸯。"据《事物纪原》记载，汉武帝也曾令宫人画八字眉，后历代相沿习，尤盛行于中、晚唐时期。眉尖上翘，眉梢下撇，眉尖细而浓，眉梢广而淡，因其双眉形似"八"字而得名。唐代白居易的《时世妆》："乌膏注唇唇似泥，双眉画作八字低。"

图28-8　八字眉
五代·王处直墓壁画。八字眉较啼眉不同的是，它的眉头没有故意翘起作蹙眉状。

（8）小山眉

唐玄宗将其收录在《十眉图》中。小山眉的前身即"远山眉"，最早可追溯至西汉时期。西汉刘歆的《西京杂记》卷二记载："文君姣好，眉色如望远山，脸际常若芙蓉，肌肤柔滑如脂……"此眉形状如缓坡的山峰，颜色如遥远的山色，呈青灰色，由上至下由浓渐淡。唐代温庭筠的《菩萨蛮》："绣帘垂，眉黛远山绿。春水渡溪桥，凭栏魂欲销。"唐代韦庄的《荷叶杯》："一双愁黛远山眉，不忍更思惟。"清代徐士俊对此注解道："春山虽小，能起云头；双眉如许，能载闲愁。山若欲雨，眉亦应语。"

图28-9　唐代小山眉
唐·张萱《捣练图》（传宋徽宗摹本，局部）。图中美人眉头下沉，眉峰靠近眉头，眉尾比较长，形成一个山头的形状，其颜色渐变，如云山雾罩。

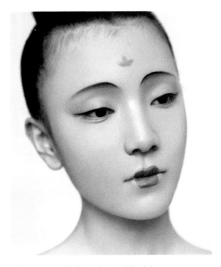

图28-10　唐代小山眉（仿妆）
作者仿妆图，采用眉笔与眉刷相结合的晕染方式画成。

图28-11　唐代倒晕眉
盛唐·敦煌莫高窟第103窟东壁壁画《维摩诘经变》（局部）。

（9）倒晕眉

　　唐玄宗将其收录在《十眉图》中。此种眉形较长，眉身弧度自然，眉腹颜色深，眉脊颜色晕染减淡。唐代温庭筠的《靓妆录》记载："妇人画眉，有倒晕妆，故古乐府云晕眉拢鬓，又云晕淡眉月。"据温庭筠的描述，这种眉形为晕染式画法，并且眉形略长，形状犹如月眉一般弯曲。它始于唐代，到了宋代还有它的影子。清代徐士俊对此眉形进行了注解："黄者檀，绿者蛾，晓霞一片当心窝。对镜绾约覆纤罗，问郎晕澹宜倒么。"

图28-12　唐代分梢眉
唐·新疆维吾尔自治区吐鲁番市阿斯
塔那古墓群出土的唐绢画人物形象。

图28-13　唐代分梢眉（仿妆）

（10）分梢眉

　　分梢眉，眉头聚集，随后逐渐散开，眉尾处犹如笤帚扫过，
丝丝缕缕根根分明。它始于武则天时期，盛于盛唐，被唐玄宗收录
在《十眉图》中。清代徐士俊对此眉形进行了注解："画山须画双
髻峰，画树须画双丫丛，画眉须画双剪峰。双剪峰，何可拟。前梅
梢，后燕尾。"清代龚翔麟的词《鹊桥仙·戏题友人艳词后》也提
到这种眉："眉梢分翠，唇尖横玉，柔脆未输莺骨。"但这种眉形
在清代并不多见，在当时大概是一种复古情怀。

（11）横烟眉

　　横烟眉又称"拂云眉"，为直眉的一种，唐玄宗将其收录在
《十眉图》中。其形状比较平缓柔和，如袅袅青烟，眉身刻意画为
丝缕状，似拂尘掠过。清代徐士俊对此眉形进行了注解："梦游高
唐观，云气正当眉，晓风吹不断。"它与"涵烟眉"的不同是：涵

图28-14　唐代横烟眉
唐·韩休墓壁画《乐舞图》（局部）。
图中三个女子均画了横烟眉。

图28-15　唐代横烟眉
后人临摹的唐代敦煌壁画《都督夫人礼佛图》（局部）。

烟眉较细，眉头粗眉尾细，呈凝聚状，"涵"字本身就有包容蓄积的意思；而横烟眉较粗，眉尾眉头一般大小，呈多根线条状。唐代徐凝的《宫中曲二首》："一日新妆抛旧样，六宫争画黑烟眉。"

（12）阔眉

阔眉又称"广眉"，形状较粗，颜色较浓，流行于盛唐时期。阔眉其实并非一种眉形，而是一类眉形，比如分梢眉、横烟眉、出茧眉、桂叶眉等粗犷的眉形都属于阔眉。唐代杜甫的《北征》："移时施朱铅，狼藉画眉阔。"

图28-16　唐代阔眉
唐·旁陵大长公主墓壁画，阔眉捧盒侍女。

（13）桂叶眉

桂叶眉因形如桂叶而得名。唐玄宗的

059

图28-17 唐代桂叶眉
后世临摹的唐代敦煌壁
画《都督夫人礼佛图》
（局部）。

图28-18 唐代连头眉
唐·敦煌壁画残片，法国
吉美博物馆藏。画中人物
面部呈现的便是连头眉。

图28-19 五代后唐五岳眉
五代后唐·王处直墓壁画。
画中人物眉形犹如山峦连绵
起伏。

宠妃江采萍（即梅妃）有诗《谢赐珍珠》云："桂叶双眉久不描，残
妆和泪污红绡。长门尽日无梳洗，何必珍珠慰寂寥。"此眉流行于盛
唐时期，至宋代仍旧可以寻得其芳踪。

（14）连头眉

连头眉又叫"连心眉"，由胡人时尚演变而来，双眉眉头紧挨。
唐代宇文士的《妆台记》记载："连头眉，一画连心细长。"

（15）五岳眉

清代徐士俊对唐玄宗《十眉图》中的"五岳眉"作了注解："群
峰参差，五岳君之；秋水之纹波，不为高山之峨峨。岳之图可取负，
彼眉之长莫频皱。"这种眉形为长眉，且有弧度。王处直墓室壁画中
的女子就画有类似的眉形。

以上罗列的眉形为有迹可循的例子，另有更多仅在古籍中出现过
名字的，它们并无其他信息记载，因此无法描述。

29. 古代女子也会画眼线吗?

有个成语叫"描眉画眼"（又称"描眉画目"），出处在明代兰陵笑笑生的《金瓶梅词话》第一回："从九岁卖在王招宣府里，习学弹唱，就会描眉画眼，傅粉施朱。"其实早在唐代，就已经有人描画眼线了。在大英博物馆藏的中国唐代《炽盛光佛五星图》中，太白金星就画了很长的眼线，近乎"入鬓"。这其实是受到天竺、波斯等国审美的影响。天竺传统面妆注重描画眉眼，粗浓的眼线让眼睛显得炯炯有神，现今尼泊尔地区还存在这种夸张的眼线。唐代王涯的《宫词三十首》："白人宜著紫衣裳，冠子梳头双眼长。"除此之外，唐代阿斯塔那古墓群出土的绢画仕女中，有出现上眼处线条粗于下眼处的情况。宋代晋祠圣母殿中的彩塑人物雕像，亦有明显的眼线，甚至还出现了下眼线。

图29-1 眼线
唐·《炽盛光佛五星图》、大英博物馆藏。

图29-2 尼泊尔"女神"眼线
尼泊尔的长眼线颇有古印度遗风。

图29-3 唐代眼线
唐·新疆维吾尔自治区吐鲁番市
阿斯塔那古墓群出土绢画。通过
这张绢画的人物眼部特写，能够
明显地看到，眼睛上下描绘的线
条粗细不同。

图29-4 宋代眼线
宋·晋祠圣母殿彩塑侍女。不光
有上眼线，还有下眼线，上下眼
线不闭合，眼角有一个开口，类
似于现代京剧的眼线眼尾。

30. 五代十国的美人喜欢如何画眉？

妆容的变化过程是一个不断承上启下、发展的过程。有些适用的、受欢迎度极高的，就会流传下来。有些猎奇的、不实用的，可能流行一段时间便消失在人们的视线里了，比如"额黄"。清代徐士俊的《十眉谣》就写了"额黄"被淘汰的原因："额之黄，殊不雅观，今人废之。"而"眉"却是一直担当着重要的角色，纵观历代妆容的变化，最有意思、最吸引人的，就是眉毛了，有人说简直就可写出一部眉毛的演变史。

清代徐士俊的《十眉谣》还记载了眉毛的变化以及画法："浅深浓淡何若？大抵当如佛头青。然古又有纷白、黛绿之云，则是黛为绿色数寸之面，五色陆离，由今思之，亦殊近怪，岂古人司空见惯，遂觉其佳而不复以为异耶？噫！古之眉不可得而见矣，所可见者，今之眉耳。余意画眉之墨宜陈不宜新，陈则胶气解也。画眉之笔宜短不宜长，短则与纤指相称，且不致触于镜也。"徐士俊认为，古人的眉毛样式中，有些颜色奇怪的就很难保留下来，因为"亦殊近怪"，他还对画眉的化妆品做了美妆史上的首次测评：画眉的化妆品要用旧的，新的不怎么好用；画眉的笔要用短的，短的趁手，对着镜子描画眉形时，便不会碰到镜子等。

在《十国春秋》中还记载了南唐李后主的一个妃子擅长画眉的事："后主妃张氏，擅殊色，眉目如画。"《十国宫词》为此曰："宠擅椒房眉黛妍，青城同辇几流连。白杨不复当时路，犹忆深宫点翠钿。""眉目如画"后来也成了很多文学作品中用来形容女子眉眼漂亮的词。五代王衍的《甘州曲》又记载："画罗裙，能解束，称腰身。柳眉桃脸不胜春。薄媚足精神，可惜沦落在风尘。""柳眉桃脸"指的就是"柳叶眉"配"桃花妆"，桃柳不胜春，这种娇俏可人的形象惹人怜爱。《十国宫词》还记载了大周后的眉毛："纤裳高髻淡蛾眉，暖殿开筵夜雪时。制得新声催按拍，破传醉舞曲来迟。"

图30-1　五代蛾眉
五代·蛾眉高髻女俑，闽太宗
皇后刘华墓出土。这种形象在
五代十国时期颇为常见。

图30-2　五代蛾眉高髻（仿妆）

31. 宋代女子的眉妆有哪些?

宋代的眉形承袭了汉唐的风格,并在此基础上做了一些合乎当时审美的调整:广眉并不粗犷,却是晕染有韵;细眉不存刻意,然是灵峰婉转。

"浅文殊眉"眉形纤丽轻细、雅淡秀美,大抵是一种弯曲的细眉,眉色浅淡,给人一种清丽脱俗之感,为年轻女性所喜爱。这种眉形与蛾眉相似,但比蛾眉要长许多,从鼻梁处一直延伸至太阳穴附近。"八字眉"起源于汉代,经唐到宋。此眉眉形下挂,眉头在上,眉尾在下。汉唐八字为中陷式,宋代及之后为中凸式,即眉形中段或凸或凹。"浅眉"为眉色浅淡的眉形,宋代晏几道的《诉衷情》:"净揩妆脸浅眉,衫子素梅儿。苦无心绪梳洗,闲淡也相宜。""倒晕眉"起源于唐代,宋代仍有流行,晏几道的《蝶恋花》道:"倒晕工夫,画得宫眉巧。"苏轼的《次韵答舒教授观余所藏墨》亦有写:

图31-1 宋代浅文殊眉
宋·山西晋城青莲寺释
迦殿彩塑。

图31-2 宋代八字眉
宋·山西晋祠圣母殿
彩塑。

图31-3 宋代八字眉(仿妆)
绫罗包发髻、耳挂葫芦坠。
媚眼如春丝、八字小晕眉。

"倒晕连眉秀岭浮，双鸦画鬘香云委。"这种眉形流行于宫廷之中，眉形略长，眉头间隔较近，向上晕染的眉，与其他眉形的晕染方向不一样，故而称为"倒晕"。"远山眉"始于汉代，因其娟秀美观，至宋仍旧是爆款眉形之一，晏几道的《生查子·远山黛眉长》道："远山眉黛长，细柳腰肢袅。"据传，此诗描写的是李师师的样貌。另外柳叶眉、蛾眉在宋代仍是广受欢迎的眉形。

图31-4　宋代浅眉
宋·佚名《果老仙踪图》（局部）。图中人物眉形细淡，若有似无，配以"薄妆"，有一种清纯素雅之感。

图31-5　宋代倒晕眉
宋·佚名《宋仁宗后坐像》。

图31-6　宋代远山眉
宋·《宫女图》（局部）。宋代的远山眉与唐代的远山眉无太大差异。

32. 宋代女子有哪些画眉的化妆品?

宋代有一种专门画眉的"墨",叫"画眉墨"。"画眉墨"起始于汉代,流行于五代十国时期的宫廷之中,到了宋代更为盛行。它是用绘画书写的墨,烧去烟制成,可用以画眉。宋代赵彦卫的《云麓漫钞》中记载:"前代妇人以黛画眉,故见于诗词,皆云'眉黛远山'。今人不用黛而用墨。"宋代曹彦约的《方南康席上观赣妓秀英作墨梅竹》:"公主朝妆弄眉墨,误作铅华污宫额。"

宋代除了"画眉墨",还有"画眉集香丸",这是一种用麻油灯烟、脑麝等加工制成的眉妆用品。画眉集香丸的制法,据宋代陈元靓的《事林广记》记载:"真麻油一盏,多着灯心搓紧,将油盏置器水中焚之,覆以小器,令烟凝上,随得扫下。预于三日前,用脑麝别浸少油,倾入烟内和调匀,其黑可逾漆。一法,旋剪麻油灯花用,尤佳。"

另外,南北朝传下来的"青雀头黛",宋代也依然可见其身影。青雀头黛,其色为深灰色。《宋起居注》记载:"河西王沮渠蒙逊献青雀头黛百斤。"这种画眉的化妆品在宋代的用量还挺多的。

图32-1 文献中的画眉集香丸
宋·陈元靓《事林广记》,元至顺年间西园精舍刊本,日本内阁文库藏。后集卷十,闺妆类——画眉集香丸。

33. 元代女子喜爱的眉形有哪些?

元代,"远山眉""柳叶眉""蛾眉"依旧在"眉形流行榜"占据着一定的地位,尤其是"远山眉"在元代被推至"榜首"。元代文学家白朴的杂剧《裴少俊墙头马上》:"怎肯教费工夫学画远山眉。"画远山眉竟然要费点功夫,直接点明了画这种眉形的难易程度,表示一般人还真画不来。白朴的另一个剧《唐明皇秋夜梧桐雨》描写了这种眉的眉形:"再不将曲弯弯远山眉儿画……"元代一位佚名诗人的《郑月莲秋夜云窗梦》则描写了远山眉颜色:"害的是眉淡远山青。"远山眉始于汉代,流传至元代,经久不衰,除了它本身是一款非常好看的眉形之外,还有一个原因是其不易画,此眉形变成了贵妇间相互攀比以及附庸风雅的"利器"。

元代还有一种眉形,也受到贵族的追捧,那便是现代人常说的平眉。平眉也叫"长蛾眉""直眉"。《太平御览》记载:"丽服靓妆,随时变改,直眉曲鬓,与世争新。"元代的直眉比较细长,相近

图33-1 元代远山眉
元·佚名《缂丝西王母图》(局部)。画中人物眉形弯曲,双色晕染(玄青二色),大有"眉淡远山青"的韵味。

图33-2 元代一字眉
元·英宗皇后像。一字眉眉形平直细长,这种眉形早在春秋战国时期就已经存在。

于战国时期的眉形，形如汉字"一"，因此现代学者又将其名为"一字眉"。

元代女子喜爱的眉形还有"细眉""横眉""八字眉"等。元代许有孚的《柳巷》："雨晴羞眼涩，烟暖细眉横。"元代王实甫的《崔莺莺待月西厢记》："春意透酥胸，春色横眉黛，贱却人间玉帛。"元代胡奎的《桃花画眉图》："山禽也学张京兆，试画朝来八字眉。"宋元以及之后的八字眉多以"凸"八字眉为主。

图33-3　元代细眉
元·永乐宫壁画。琵琶仙女，眉形纤细柔弱。

图33-5　元代横眉
元·朔州官地村元代墓壁画。图中侍女所画之眉便是"横眉"。

图33-4　元代细眉（仿妆）
彩钿金凤钗、珍珠玛瑙簪。粉脸细细眉，玉影纤纤来。

34. 明代女子流行什么样的眉形？

明代的面妆偏向于柔和素雅，因此相应的眉妆也会纤弱淡雅。"远山眉""柳叶眉""新月眉""八字眉"等依旧在"眉形流行榜"名列前茅。

明代，"远山眉"再度登上"眉形流行榜"榜一的位置。沈宜修的《续艳体连珠》对此眉做了进一步的写生："盖闻远山有黛，卓文君擅此风流。彩笔生花，张京兆引为乐事。是以纤如新月，不能描其影。曲似弯弓，可以折其弦。"明代夏良胜在《晚泊都昌》又一次点出了远山眉难画这一特点："远山黛锁真嫌画，新月眉横恰对缸。"而"柳叶眉"也是历朝历代的宠儿，其知名度甚至远超"远山眉"。明代沈愚的《追和杨眉庵次韵李义山无题诗五首》云："愁横柳叶眉鬒翠，泪湿桃花脸晕红。"明代李昱的《西湖竹枝歌五首》亦云："芙蓉花面藕丝裳，柳叶眉尖恨最长。"这种眉形到了明代形状更加具体：又细又长，眉尾尖，颜色青灰色。在明清小说中也经常会看到它的身影，明代陆人龙的《三刻拍案惊奇·卷九》写道："娶得一个妻子邓氏，生得苗条身材，瓜子面庞，柳叶眉，樱珠口，光溜溜一双眼睛，直条条一个鼻子，手如玉笋乍苗新芽，脚是金莲飞来窄瓣……"这段文字已

图34-1 明代远山眉
明·蒋乾《仕女图》（局部）。画中人物眉形弯曲，晕色自然过渡、望之如远山之巅。

经非常形象地勾勒出了明代女子的肖像。"八字眉"即下挂的一种眉形,明初明末都有它的影子,明代钱逊的《杏花画眉》:"螺青钿合蛛丝满,谁画春山八字眉。"明代曾曰唯的《王子催妆诗》:"佳期三月前,嗔我催妆迟。对客指书空,学画八字眉。"这种眉形在明代仕女人物画中也经常能够看到,比如唐寅的《嫦娥持桂图》等。

除了画眉,明代女子还喜欢在眉间贴一些饰品,称之为"眉间俏"。这种小饰物一般以通草、细罗、彩纸等材质制作成形,形状娇小、轻盈俏丽,可爱至极,一般为年轻女性使用。

图34-2 明代柳叶眉
明·仇英《仕女图》(局部)。

图34-3 明代柳叶眉(仿妆)

图34-4 明代眉间俏
明·仇英《寻梅图》(局部)。画中女子眉心间贴着一个花形,这位置比寻常额上花钿要低,处在双眉之间,鼻梁上方。亦有在眉下方、上眼皮之处的。

35. 明代女子流行怎样的眼妆?

人们经常用"媚眼如丝"来形容一个人眉目能传情。明代徐熥的《咏美人昼眠》:"薏腾含媚眼,展转皱罗衣。"明代韩上桂的《折杨柳》:"忆昨枝头雪未销,偷将媚眼逗娇娆。"明代何景明的《汝济夜过同以行对菊花》:"酒酽留媚眼,灯色笑生春。"这些文人笔下的"媚眼",品之生情,能令人联想到秋波婉转、含情脉脉、顾盼生辉的一眼。明代沈宜修在《续艳体连珠》中撰:"美人之容,实惊其艳。是以新柳之青垂垂,春风谁识。双凤之丹点点,秋水何长。"美人之眼"双凤之丹点点",一双丹凤眼,配以红色妆粉晕染,即便不是凤眼,亦可以画长。

其实长眼的审美,古已有之,汉代出土的女俑就拥有一双细长的眼睛,唐代敦煌壁画中也时常能看到。到了宋代,长眼更是成了一种风尚。宋代张先的《卜算子慢》:"惜弯弯浅黛长长眼。"苏轼的《减字木兰花·赠君猷家姬》:"眉长眼细。淡淡梳妆新绾髻。"晁补之的《斗百花·汶妓阁丽》:"小小盈盈珠翠。忆得眉长眼细。"细眉长眼给人一种慵懒困怠之感,婉约妩媚,观而怜爱。到了明清时期,这种审美较之宋代有过之无不及,许多仕女画中的佳人，都有一双细长的眼睛。

有关古人描画眼妆的信息，明清小说中经常见到。明代冯梦龙的《警世通言》道："却这女儿心性有些跷蹊，描眉画眼，傅粉施朱，梳个纵鬓头儿，着件叩身衫子，做张做势，乔模乔样。"清代小说《后西游记》还描写了男子画眼妆："小行者道：'眼虽是生的，却不识人，只好拣选那些搽眉画眼假风流的滞货做女婿，怎认得真正英雄豪杰？所以说个未生。'"但古代男子画眼妆基本上被认作粉面而已，不入流。

图35-1　蛾眉凤眼
明·唐寅《嫦娥执桂图》（局部）。
图中美人蛾眉呈八字，凤眼细又长。

36. 清代女子流行怎样的眉形?

清代女子的眉形与面妆较之明代皆变化不大，眉形以细直、细弯或八字眉为主，颜色上主要有黑色和青灰色。另外有一种始于明代，流行于清代的新式眉妆，叫"晕眉"。明代陈继儒的《枕谭》记载："按画家七十二色，有檀色、浅赭所合，妇女晕眉色似之。"浅粉色与浅赭色相合，大概类似现代的浅棕色眉笔。清代严绳孙的《浣溪沙》："生小晕眉临却月，近来书格爱簪花。"清代朱祖谋的《新雁过妆楼》："越缕披香笼袖角，弁峰添黛晕眉弯。"

36-1　清代晕眉
清·李廷薰《仕女图册》（局部）。图中女子画八字眉，眉色从头至尾由浅变深，呈晕色状。

图36-2　清代浅色眉
清·冷枚《探梅图》（局部）。图中仕女眉色与发色相比，颜色淡很多，呈浅棕色。

唇瓣何所点？

——古代美人的点唇之问

37. 先秦时期美人画唇会选用什么颜色？

图37-1　朱红色的朱砂粉

《楚辞·大招》曰："朱唇皓齿，嫭以姱只。"此句是说美人唇红齿白的样子实在漂亮。那么这个"朱"是哪种红呢？

战国时期楚国的宋玉在《神女赋》中写道："眉联娟以蛾扬兮，朱唇的其若丹。"丹，指丹砂，俗称"朱砂"。朱砂为一种硫化汞矿物，盛产于楚国区域以及西南地区。1976年在河南安阳小屯西北发现的商代妇好墓中，随葬品除了青铜器、玉器、宝石器、象牙器、骨器、蚌器外，在墓穴东北部还有一件大理岩石臼。石臼出土时底朝上，翻过来一看，臼孔内满染朱砂，色泽鲜艳。一种说法是妇好墓中的朱砂主要为了防腐，因为朱砂的主要成分是硫化汞，不溶于水，在古代常用来作尸体的防腐剂；另一种说法则是臼内的朱砂可能是妇好生前的化妆品。

朱红色作为先秦时期常见的化妆品颜色，可不单单流行了一个时期，后世的许多面妆都有受其影响。

38. 汉代至南北朝女子的唇形有什么变化？

现代人普遍认为凡是古代女子，其唇形多半是"樱桃小嘴"，为什么呢？因为现代小说中的古代社会生活的情景中，女性多半以"柳叶眉""樱桃嘴"这样的组合形象出现。但其实，并不是所有的朝代都如此。比如汉代，观察已出土的人形文物可以看出，至少在西汉早期，女子的唇形主要以薄唇（扁唇）为主。西汉中晚期至东汉时期，扁唇逐渐变得丰盈起来。尤其是东汉时期，对外文化交流较之前扩大，在中原地区以及边境地区出现了许多天竺式佛像。造像中的形象或多或少影响了当时的审美，直接使一些时尚发生了变化，比如唇形，这段时间比较流行"元宝式"的唇形。

图38-1　西汉扁唇
西汉·汉景帝阳陵出土的彩绘女俑。女俑嘴唇薄扁，但不是"小"。

右上/图38-2 西汉大唇
汉·曲江西汉墓壁画。壁画上的女子整个唇涂满了颜色，完全打破了人们对于古代女子只有小唇的观念。

左下/图38-3 西晋"元宝唇"
魏晋·炳灵寺169窟壁画。画中人物有刻意描绘了上唇的双唇峰。

右下/图38-4 北魏"元宝唇"
北魏·彩绘女俑。女俑下唇较方，上唇描绘了双唇峰。

　　这段时期，唇的边缘线从模糊到清晰，对于唇，人们不再只注重颜色，对唇形也有了新的认识并有了新的描绘方式。

39. 汉代至唐代女子的涂唇用品有哪些?

现代女孩买化妆品,有两种东西一般如果包装不错、品相不错、颜色不错就会忍不住买下,它们是眼影和口红。不管家里的化妆箱中有没有类似的颜色,对女孩而言多多益善,尤其是口红,男孩们常常迷茫,分不清这个红跟那个红的区别,但在爱美的女孩子眼里,它们的区别不是一点点大。以正红色为例,同一个牌子的正红色,还有滋润型、雾面型以及洒金型的区别,一个颜色就能涂出不一样的正红;而不同牌子的正红色,涂抹在嘴唇上,亮度和色调都有所不同。

那么在汉代至唐代这段时间里,爱美的女子都有哪些口红呢?

（1）朱砂膏

将朱砂和油脂混合调制凝结成的膏状即朱砂膏。北魏贾思勰的《齐民要术》记载了朱砂膏的制法:"牛髓少者,用牛脂和之。若无髓,空用脂亦得也。温酒浸丁香、藿香二种。煎法一同合泽,亦著青蒿以发色。绵滤著瓷、漆盏中令凝。若作唇脂者,以熟朱和之,青油裹之。"这种方式提炼出来的唇脂还可以防止嘴唇干裂,口红与润唇膏兼并。唐代岑参的《玉门关

（朱红）

（胭脂红）

（绛红）

（猩红）

（石榴红）

（檀红）

图39-1 不同的红色

盖将军歌》："美人一双闲且都，朱唇翠眉映明眸。"

（2）永乐公主唇脂

永乐公主唇脂为唐玄宗宗室女永乐公主独家研制。传说这位公主在家里开辟了一个园子，专门用来种植制作化妆品和香料的植物，光制作口红的就有二三十种，比如玫瑰、石榴、茉莉、红蓝花、山花、紫草、红苏等，俨然是大唐版的"百草园"。公主自产自足，研制了多种唇膏，并掺入香料，涂抹于唇上，色艳而馨香，真"秀色可餐"，可谓"硬核美妆达人"。唐代李贺有诗《洛姝真珠》道："花袍白马不归来，浓蛾叠柳香唇醉。"

（3）檀口

檀口为浅红色唇脂，与"檀晕妆"搭配，以檀粉与油脂调和而成。唐代赵鸾鸾的《檀口》诗云："衔杯微动樱桃颗，咳唾轻飘茉莉香。曾见白家樊素口，瓠犀颗颗缀榴芳。"

（4）乌膏

从唐代白居易《时世妆》的"乌膏注唇唇似泥，双眉画作八字低"可知乌膏为黑色的唇膏。它在南北朝时期就有出现，南北朝徐勉的《迎客曲》："罗丝管，舒舞席，敛袖嘿唇迎上客。""嘿唇"即"黑唇"，这种唇色在唐代为吐蕃人的时尚，随吐蕃人来到长安，因其非正规的"华风"，人们一时新奇，遂模仿起来。

（5）绛唇

绛唇是深红色唇膏，南北朝时期就有，中唐时期又开始流行。

（6）胭脂晕唇

胭脂晕唇即用胭脂晕染嘴唇，流行于晚唐时期。

40. 唐代女子有哪些唇妆？

唇妆用品一多，相应的唇式也会多，且每个时期都有些许不同。

宋代陶谷的《清异录》就记载了好多种中唐至晚唐的唇形："僖昭时，都倡家竞事妆唇。妇女以此分妍与否。其点注之工，名字差繁。其略有胭脂晕品，石榴娇、大红春、小红春、嫩吴香、半边娇、万金红、圣檀心、露珠儿、内家圆、天宫巧、洛儿殷、淡红心、腥腥晕、小朱龙、格双唐、眉花奴样子。"

根据《清异录》的记载，唇妆按颜色分类有："石榴娇（石榴红）""大红春（若春花艳红）""小红春""万金红（胭脂色）""圣檀心（檀色）""洛儿殷（殷红色）""淡红心（浅红色）""腥腥晕（猩红色）""小朱龙（朱红色）"。

按形状分类有：大唇的"大红春"，小唇的"小红春""小朱龙"，半唇的"半边娇"，圆形的"露珠儿""内家圆"。

按妆品或涂抹的方式分类有：含香料的"嫩吴香"，用晕染方式的"腥腥晕"。

（1）初唐

初唐延续了南北朝以及隋代的风格，以扁唇和方唇为主。扁唇自汉代就有，方唇的出现则是受到天竺等国的影响。

图40-1　唐代方唇
唐·阿史那忠墓壁画。侍女嘴唇涂满颜色，与魏晋南北朝时期的唇形相差不大。

080

（2）武周

武周时期，唇妆变得丰满，上下唇都有两个唇峰，呈侧躺的葫芦状。这种唇形最早出现在唐太宗李世民时期，在武则天执政时期尤为盛行。

图40-2　唐代葫芦唇
唐·彩绘（绢衣）女俑，新疆维吾尔自治区吐鲁番市阿斯塔那古墓群出土。

（3）盛唐

盛唐流行的唇形比武周时期更为饱满，但下唇唇峰已经不见，呈圆弧状，唇形宽度往里缩，高度往上下扩，给人一种珠圆玉润的感觉。

图40-3　唐代圆唇
唐·玄宗贞顺皇后（即武惠妃）墓壁画。

（4）中唐

中晚唐时期的唇形较圆，甚至出现了上唇也无唇峰的形状，像一个圆，流行于宫廷之中，谓"内家圆"。

图40-4　唐代内家圆
唐·周昉《调琴啜茗图》（局部），美国密苏里州堪萨斯市纳尔逊·艾金斯艺术博物馆藏。图中托盘侍女的唇形呈圆形。

（5）晚唐

晚唐时期的唇形较之前略微缩小了一点，甚至还出现了晕色的"咬唇妆"，颜色以檀色、猩红色为主，谓"圣檀心""淡红心"和"腥腥晕"，甚至还有只涂下半唇的"半边娇"。

就《清异录》中出现的唇，历代都有赞美的诗词："石榴娇欲竞珠樱"（清代况周颐《减字浣溪沙·美人唇》），"开妆重点圣檀心，夜明帘外金沙吐"（明代袁宏道《美人睡起词》），"风动珠唇（露珠儿）点点娇"（宋代徐介轩《木兰香》），"朱唇新点内家圆"（清代徐元瑞《浣溪沙·赠美人》）。

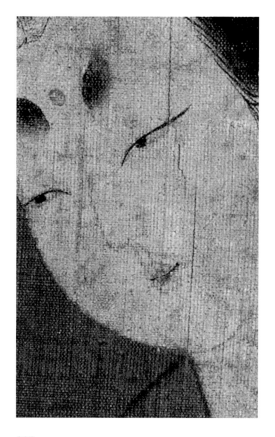

图40-5 唐代淡红心
唐·周昉《簪花仕女图》（局部）。图中仕女嘴唇的颜色呈晕染状，另外还可以看到她有细长的眼线。

41. 宋代女子的唇妆是怎样的？

经历了唐代丰盈圆润的唇妆审美，到了宋代，大众却开始偏爱小巧玲珑的小唇了。宋代周邦彦的《诉衷情》："可惜半残青紫，犹印小唇丹。"宋代女子的唇形偏小，且薄涂，颜色除朱红色外，另有檀粉色、绛红色。宋代柳永的《夜半乐·艳阳天气》："云鬓风颤，半遮檀口含羞，背人偷顾。"周邦彦的《花心动》："梅萼露、胭脂檀口。从此后、纤腰为郎管瘦。"檀色自唐代以来，一直大受欢迎，不光用于唇色，也时常用于腮色。其色不浓烈，偏向于自然和低调，适用于渲染微醺或者妩媚慵懒之态的"氛围妆"，深受爱美女性的喜爱。另外绛红色也是当时的"通勤色"。宋代秦观的《南乡子》："妙手写徽真，水剪双眸点绛唇。"北宋时期还沿袭了唐代的"半边娇"，即不涂上唇，只涂下唇。另有双色相叠，在下唇处做点唇样的唇形。

"半边娇"这种唇形，不光在宫廷中流行，在民间也有。例如河南登封宋墓壁画中倚门而望的小姐姐，也画着这样的唇妆。

图41-1　宋代半边娇
宋·仁宗皇后像，台北故宫博物院藏。

图41-2　宋代半边娇

图41-3　宋代半边娇点唇
宋·真宗皇后像。皇后的嘴唇先用浅红色涂满，再用绛红色在下唇处点唇，宋代有个词牌名就叫"点绛唇"。

42. 宋代女子有哪些画唇的化妆品?

宋代女子画唇的化妆品依旧是以胭脂制品为主,但新奇处是口脂中添加了香料,色香俱全。虽说香脂口红最早出现在唐代,但它在宋代大放异彩。宋代张孝祥的《临江仙》:"翠叶银丝簪末利,樱桃淡注香唇。"宋代本身就是个偏爱于弄香的时代,因此在化妆品中添加香料也是常见的事。

从唐代开始,不光有盒装的口脂,还研制出了条状的,这种口脂类似于现代管状口红。唐代王焘的《外台秘要方》记载了这种管状口脂,装载物选用象牙雕刻的圆筒,然后涂成绿色,形成所谓的"碧镂牙筒",或称"翠管"。唐代杜甫的《腊日》:"口脂面药随恩泽,翠管银罂下九霄。"到了宋代,这套技术已经相当成熟。

43. 明代女子流行怎样的唇妆?

在明代,与眉形相对应的唇妆受当时社会风气和思想的影响,以小唇或扁唇为主。

小唇其实在明代之前就有,唐代白居易有诗云:"樱桃樊素口,杨柳小蛮腰。"后人又称"小唇"为"樱桃小口"。明末清初的文学家李渔在《闲情偶寄》中记载了当时妇女的樱桃小口:"一

图43-1 明代樱桃小口
明·唐寅《班姬团扇图》(局部)。图中的"班姬"口若樱桃、殷红一点。

点即成，始类樱桃之体；若陆续增添，二三其手，即有长短宽窄之痕，是为成串樱桃，非一粒也。"可见这种唇形，有的是一点即成，有的是点了数下，形成成串的颗粒状唇妆。而更有甚者，比一颗樱桃还要小。明代陆人龙的小说《三刻拍案惊奇·卷六》也描写了一段有关此唇的文字："那汪涵宇抬头看，这妇人呵：眉弯新月，鬓绾新云。樱桃口半粒丹砂，狐犀齿一行贝玉。""半粒丹砂"的唇形，大概是有记载的唇妆中最小的唇形了。这种审美，同时显现出文人雅士的一些奇怪的癖好，就如同女性的三寸金莲，以小为美，而对于女性的唇，标以"笑不露齿"的审美准则，以小声说话、小口进食来约束"良家"的行为举止。若开口，即为"樱桃破"，唐代白居易的《杨柳枝二十韵》："口动樱桃破，鬟低翡翠垂。"五代李煜的《一斛珠》："向人微露丁香颗，一曲清歌，暂引樱桃破。"宋代毛滂的《清平乐》："浅笑樱桃破。"明代汤胤勣的《竹泉翁席上赠歌者杨氏》："席前一点樱桃破，云揭楚天飞鸟堕。"清代程颂万的《虞美人》："朱唇乍启樱桃破。"这种香艳至极的比喻和描写，充满了情趣，也体现了唇在妆容中，是一个生动的点睛所在。

44. 清代女子流行怎样的唇妆?

除了明代流传下来的樱桃小口之外,清代还有几款猎奇新颖的唇形,比如"下唇妆"和"点唇"。"下唇妆"在唐宋就已经出现,清代则主要流行于清早期至乾隆时期的宫廷之中。清代蒋春霖的《西子妆·夹竹桃》:"月中霜里见婵娟,换秋眉、醉妆频斗。红霞半口。"清代晚期,宫廷流行下唇一点的唇妆,有的甚至是多瓣形的。这种唇妆的画法为点唇法,清代张之洞的《济南行宫海棠辛酉二月客济南作》道:"柔条妍似初中酒,小萼秾如乍点唇。"李渔的《闲情偶寄》中亦记载了其法:"至于点唇之法,又与匀面相反,一点即成,始类樱桃之体。"

图44-1 清代下唇妆
清·《乾隆帝妃古装像》(局部),故宫博物院藏。图中的女子只涂了下唇的颜色,这种唇妆唐宋时期就有,即"半边娇"。

图44-2 清代一点红下唇妆
清·《胤禛美人图·持表对菊》(局部),故宫博物院藏。图中女子的唇使用了两种颜色,先以浅色打底,再以深色在下唇处点了小范围的唇形。

左/图44-3　清代点唇
油画《清代美女肖像》（局部）。图中的女子，上唇涂满，下唇只画了一圆点。

右/图44-4　清代点唇
清·《孝全成皇后便装像》（局部）。图中人物上唇不涂，下唇只画了一点。

图44-5　清代半边娇（仿妆）
凤眼蛾眉含情、殷红半唇娇媚。

面上何所饰?

——古代美人的贴花钿、点面靥等面饰之问

45. 古代女子脸上点圆是什么缘故?

图45-1 脸上点圆
北魏·彩绘牵手女俑。

韩剧在表现传统婚礼的场面时,新娘的妆容都有一个特点——酒窝处画两个圆点。不明真相的电视观众就以为这样的妆容是朝鲜半岛的传统妆容。其实不然,早在两千多年前的中国,就已经存在脸上点圆的习俗了。

东汉繁钦的《弭愁赋》曰:"结翠叶于珠簪,擢丹华于绿房,点圆的之荧荧,哄双辅而相望。"其中"点圆的"指的就是在脸上点圆点,"圆"通"圆",东汉王粲在《神女赋》中也有描绘:"税衣裳兮免簪笄,施华的兮结羽仪。"唐代温庭筠在《靓妆录》中有所解释:"华的,一作'玄的',又曰'星的'。"明代杨慎

的《丹铅总录》中也有阐述："《博雅》云，龙须谓之'黥'，妇人面饰，亦曰'龙黥'，盖以龙女况之。又曰'星的'。"不管是"圆的""华的"还是"星的"，都是在脸上点染。

关于"的"，汉代有详细的文字描述。汉代刘熙的《释名·释首饰》记载道："以丹注面曰'的'，的，灼也。此本天子诸侯群妾，当以次进御。其有月事者，止而不御，重以口说，故注此丹于面，灼然为识，女史见之，则不书其名于第录也。"明代杨慎的《艺林伐山》中也有相关解释："女人有月事，以丹注面曰'的'，'元的'点绛。"不过后世似乎渐渐淡去了以"的"点明"来月事"的作用，更多是为了修饰面部，使妆面更加俏皮靓丽或端庄大方。

"面的"在唐朝又被称为"靥"，其制小巧，一般点在双颊处。除了前文提及汉代面的的由来外，唐代段成式的《酉阳杂俎》则记载了另一个故事："（晚唐）近代妆尚靥（的），如射月，曰黄星靥。靥钿之名，盖自吴孙和误伤邓夫人颊，医以白獭髓合膏，琥珀太多，痕不灭，有赤点，更益其妍……以丹青点颊，此其始也。"面的在唐代并不是每个时期都有流行，武周至盛唐时期盛行过一段时间，到了晚唐又开始了"复古"，初唐和中唐并不多见。

46.什么是"额黄"?

　　"额黄"指的是额上弯弯月牙形的面饰，这种面饰在南北朝时期就已出现，到了唐宋时期它仍旧存在。

　　唐代画额黄的材料有一种是松花粉。唐代王涯的《宫词三十首》："内里松香满殿闻，四行阶下暖氤氲。春深欲取黄金粉，绕树宫娥著绛裙。"还有一种为油脂类额黄，涂抹到了发际线之中。唐代牛峤的《女冠子》："额黄侵腻发，臂钏透红纱。"有金黄色的额黄，在黄昏的时候与天边的云光融为一体。唐代温庭筠的《偶游》："云鬓几迷芳草蝶，额黄无限夕阳山。"唐代皮日休的《木兰后池三咏·白莲》："半垂金粉知何似，静婉临溪照额黄。"还有嫩黄色的额黄，涂成弯弯的月牙形。唐代卢照邻的《长安古意》："片片行云着蝉鬓，纤纤初月上鸦黄。鸦黄粉白车中出，含娇含态情非一。"

图46-1　额黄妆女子
北齐·杨子华《北齐校书图》（局部）、美国波士顿美术馆藏。

47. 古代女子脸上的"花黄"是什么?

"花黄"出自南北朝的《木兰辞》:"当窗理云鬓,对镜帖花黄。"它也是一种"额黄"。

花黄的画法大致为贴和涂两种。

贴:用黄色材料制成薄片状的饰物,形状多种多样,有星、月、花、鸟等,故称"花黄"。用阿胶将花饰贴在额间,这种方式亦是贴花钿的前身。唐代崔液的《踏歌词》诗中也有提及:"翡翠贴花黄"。

涂:将雄黄、松花粉或姜黄碾碎,和着清水使用,用毛笔在额上涂抹。北周庾信《舞媚娘》云:"眉心浓黛直点,额角轻黄细安。"

图47-1 金粉面饰
生活在泰国北部以及缅甸边境地区的长颈族女子,面涂金粉,好似中国古代的面饰。

48. 古代女子脸上的"斜红"是什么？

斜红为"晓霞妆"中的一种特色，指的是在面颊两边用胭脂各画一道红印，是位于太阳穴附近的面饰，起初是细月牙形，出现在魏晋时期。据张泌的《妆楼记》记载："（薛）夜来初入魏宫，一夕，文帝在灯下咏，以水晶七尺屏风障之。夜来至，不觉面触屏上，伤处如晓霞将散，自是宫人俱用胭脂仿画，名晓霞妆。"南北朝萧纲《乐府三首·其二·艳歌篇十八韵》："分妆间浅靥，绕脸傅斜红。"

斜红 ————

图48-1　斜红
东晋·顾恺之（传）《女史箴图》（局部）、唐代摹本、大英博物馆藏。图中的女子鬓角处有一道红痕，这便是"斜红"。

到了唐代，斜红除了月牙形还有其他花形。初唐时多为竖条形，沿袭自魏晋南北朝以来的风格。武周时期最为丰富，有卷草形、火焰形等多种图案。盛唐时期出现了多宝贴面。中唐时期为多道斜红。晚唐时月牙又开始盛行。除了妆面外，斜红还指红色的鬓花。宋代苏轼的《李钤辖坐上分题戴花》诗："绿珠吹笛何时见，欲把斜红插皂罗。"

斜红多为描画出的红色花样。盛唐的斜红贴面为金属嵌宝，颜色丰富些。

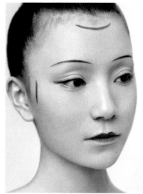

左/图48-2　初唐斜红
唐·高宗显庆三年（658）的执失奉节墓壁画中的舞女形象。

右/图48-3　初唐斜红（仿妆）

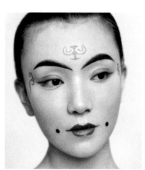

左/图48-4　武周卷草纹斜红
唐·新疆维吾尔自治区吐鲁番市阿斯塔那古墓群出土的绢画。

右/图48-5　卷草纹斜红（仿妆）

图48-6 武周火焰纹斜红
唐·彩绘绢衣女俑、新疆维吾尔自治区吐鲁番市阿斯塔
那古墓群出土。

图48-7 火焰纹斜红（仿妆）

图48-8 盛唐斜红
唐·《游春美人图》（局
部）。图中人物鬓边的斜红
呈月牙形。

图48-9 多宝贴面花钿及斜红（仿妆）
图中花钿和斜红均为化妆颜料绘制而成、大
致演示了面饰的位置。

左/图48-10 中唐斜红

49. 古代女子额上的妆饰叫什么？

南北朝吴均的《采莲曲》道："锦带杂花钿，罗衣垂绿川。"诗文中的"花钿"是指脸上的一种花饰，颜色各异，形状多种多样，起源于南北朝，唐代尤为盛行。

据宋代高承的《事物纪原》引《杂五行书》记载："（南朝）宋武帝女寿阳公主，人日卧于含章殿檐下，梅花落额上，成五出花，拂之不去，经三日洗之乃落，宫女奇其异，竞效之。"

在古代，"花钿"实为最受欢迎的一种妆饰，从诞生起，经历了多个朝代，它生于南北朝，兴盛于唐五代，至两宋又被赋予了新的生命，明清给了它最后的青睐。

图49-1　十六国花钿
十六国·女乐俑。女俑额头上绘有倒三角的花钿。

图49-2　南北朝花钿（仿妆）
斜红花钿间，俏脸红靥艳。
休问何所为？口重书事讳。

50. "花钿"都是花的形状吗?

"花钿"又名"花子""媚子",施于眉心。《事物纪原》记载了南北朝时期的宋武帝女寿阳公主在"人日"(正月初七)那天落梅成钿的故事。到了唐宋时期,每到"人日",女子都会在脸上画或贴各种花形,并戴上新的首饰,盛装一番。

图50-1 盛唐多宝贴面花钿以及斜红
唐·李景由夫妇墓出土的多宝组合花钿以及斜红。

花钿的形状并不一定是花。在古代"花"字除了我们通常意义上的解释外,另有"花样""花纹"和"华丽"的意思,因此花钿是各种美丽的花样的面饰。在唐代,它们有几何形、花草形、鸟兽形等。材质也是多种多样,金箔、彩纸、鱼鳃骨、茶油花饼等。贵族有时候还会用金属和宝石,例如唐代李景由夫妇合葬墓出土的一套金贴翠的多宝花钿。唐花钿主要有三色:红、黄、绿,辅色为蓝色、青色、橘色、金色、白色、黑色等。唐代温庭筠的《菩萨蛮·牡丹花谢莺声歇》:"翠钿金压脸,寂寞香闺掩。"唐代白居易的《长恨歌》:"但教心似金钿坚,天上人间会相见。"

51. 宋元时期女子有哪些面部妆饰?

说起面饰，很多人会想到唐代，唐代面饰的样式是历朝历代中最多的。天上飞的、地上跑的、水里游的、土里长的，可谓万物皆可描绘成面饰。到了宋代，面饰种类虽不如唐代那么繁多，但也是别具一格，低调中透露着奢华与精致。

"玉靥"材质为珠翠珍宝，极为昂贵，流行于唐宋年间，为宫廷后妃或命妇所用。宋代吴文英的《菩萨蛮》："玉靥湿斜红，泪痕千万重。"宋代翁元龙的《江城子》："玉靥翠钿无半点，空湿透，绣罗弓。""珠靥"材质为珍珠，多为宋代宫廷女子所用，宋代刘辰翁的《夏景雨过苔花润》："翠钱流地满，珠靥照人开。""粉靥"

图51-1 宋代珠靥
宋·高宗吴皇后像。宋代宫廷后妃以及宫女在盛装的时候，都有在脸上贴珠靥的传统。

099

以妆品点画成形于面部而得名，《事物纪原》记载："远世妇人妆，喜作粉靥，如月形，如钱样，又或以朱若燕脂点者。唐人亦尚之。""翠靥"始于唐五代，是用绿色颜料或者翠羽制成"花子"粘于眉心的一种面饰，宋代白玉蟾的《妾薄命》："翠靥中蛾眉，瑶花钿鸦发。"宋代吴儆的《虞美人》："金翘翠靥双蛾浅。"还有一种使用"鹤子草"的"媚草靥"，因形状如飞鹤，嘴巴、翅膀、尾巴俱全而得名，采摘晒干，可贴在脸上作为装饰，始

图51-2　元代翠靥
元·山西洪洞县广胜寺壁画《尚食图》（局部）。图中的女子高额处点有翠靥，呈水滴状。元代周德清的《中吕·阳春曲》："粘翠靥、消息露眉尖。"

图51-3　元代翠靥（仿妆）
《尚食图》中的人物仿妆。

图51-4　鹤子草

图51-5　元代梅花靥
元·《梅花仕女图》（局部）。
图中的女子额贴梅花、唇色叠
色点唇、眼神流光溢彩、形象生
动。元代汤舜民的《新水令·春
日闺思》："蛾眉浅黛鬈、花靥
啼红渍、向樽前留下些相思。"

于唐代，宋时偶有。

　　除了面靥，"花钿"也依旧在宋代盛行着。宋人对于这些面饰的"雕琢"跟唐代比起来，有过之而无不及。比如"鱼媚子""珠钿""梅钿"等，用色高雅，用材讲究。鱼媚子采用鱼鳃或者彩纸刻剪成形，再加以染色，贴于面部。《宋史·五行志三》记载："淳化三年，京师里巷妇人竞剪黑光纸团靥，又装镂鱼鳃中骨，号'鱼媚子'以饰面。黑，北方色；鱼，水族，皆阴类也。"珠钿一般与珠靥配套使用，这一整套妆饰又统称为"珍珠花钿妆"。宋代秦观的《满庭芳》："多情，行乐处，珠钿翠盖，玉辔红缨。"宋代吴潜的《传言玉女》："越姬吴媛，粲珠钿翠珥。"梅钿因其形为梅花状而得名，其材质一般比较轻薄，容易变形，流行于唐、五代以及两宋期间。宋代吴文英的《瑞龙吟》："西湖到日，重见梅钿皱。"宋代周密的《玲珑四犯》："杏腮红透梅钿皱。"花钿除了梅花形的，还有菊花形的。宋代杨万里的《德远叔坐上赋看核八首其四·蜜金橘》："侠客偶遗金弹子，蜂王捻作菊花钿。"宋代王珪的《宫词》："秋殿晓开重九宴，内人争贴菊花钿。"

52. 明清时期女子有哪些面部妆饰？

　　明清时期的面部妆饰相较于以往各朝，花样并不多，主要以精巧见长。比如"珠钿"，有"珠钿翠翘"之组合。在脸上贴珠子最早可以追溯至五代，但那时只在眉间，到了宋代，不光眉间的位置贴，鬓边、唇边亦有。

左上/图52-1　明代珠靥
明·人容像。图中侍女珍珠贴面、额间翠绕明珠、乃眉间俏。

左下/图52-2　五代珠靥
五代·王处直墓壁画。画中美人眉间贴珠、额上贴花瓣。

右下/图52-3　五代珠靥（仿妆）

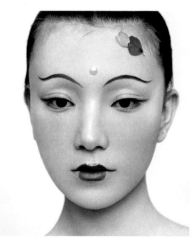

发间何所配？

——古代美人的发型、首饰之问

53. 古代女性的盛装在发式上是如何体现的？

现代社会人们的着装打扮通常可分为居家日常、工作日常以及晚宴应酬等。其中，晚宴应酬相对应的礼服装扮往往比较正式、隆重，且会精心搭配合适的发饰，因为一个人最高规格的身份体现往往是在他出席隆重场合的时候。那么在古代，女性盛装时的发饰又是什么样子的呢？

《诗经·鄘风·君子偕老》中写道："君子偕老，副笄六珈。""副笄六珈"指的是女性头上插满了簪钗等首饰。《周礼》一书中这样记载："追师掌王后之首服，为副编次，追衡笄。为九嫔及外内命妇之首服，以待祭祀宾客。丧纪，共笄绖，亦如之。"这里提到的"副编次"为发髻的意思，"衡笄"则为头饰的意思。"副"指的是祭祀大典中的发型。东汉末年儒学家郑玄注解"副之言覆，所以覆首为之饰，其遗像若今之步摇矣，服之以为王祭祀。""笄"指的是头上的发簪。古代女子成年礼称为"笄礼"，意思是长大成人可以戴发簪了，因此戴"笄"亦是成年女子的标配。《毛诗传》写道："笄，衡笄也。珈笄饰之最盛者，所以别尊卑。"发饰越多者，身份越尊贵。《后汉书·舆服志下》又对"副笄六珈"作了进一步的阐释："步摇以黄金为山题，贯白珠为桂枝相缪，一爵九华，熊、虎、赤罴、天鹿、辟邪，南山丰大特六兽，《诗》所谓'副笄六珈'者。"

这便是古代成年女性盛装打扮时候的发式：头上戴高大的假髻，发髻上插着步摇和各种簪头的簪子，华贵端庄。

图53-1 古代盛装打扮女性五代·供养人形象。图中的贵妇满头珠翠，步摇、簪钗、凤冠、翠钿等俱全。

54. 古代有假发吗？

图54-1　汉代假发
汉·假发，长沙马王堆汉墓
出土。

许多人认为"假发"这种物品是现代社会的产物，只有现代人才拥有。其实古代也有假发。因为古人只是生活环境、方式和条件跟我们不同，而生理构造是一样的，古人也会出现头发稀疏、焦黄、天然卷等特殊生理现象，所以也需要假发。

《诗经·鄘风·君子偕老》云"鬒发如云，不屑髢也。"意思是说：头发乌黑亮丽像云朵那样厚的人，不屑于戴假发。由此说来，头发稀少的人，就有可能戴上假发才能出门见人。《春秋左氏传》就记载了一个令人啼笑皆非的故事："公自城上见己氏之妻发美，使髡之，以为吕姜髢。"说的是卫庄公有一天登上城楼举目四望，见城下有一对外乡夫妇进城来，那妇人长了一头浓密的头发，让人艳羡。卫庄公想起自己夫人的头发少得可怜，于是下令抓住那对小夫妻，并剃去了妇人的一头秀发，做成一顶假发当礼物送给自己的妻子。

魏晋时期拥有"假髻"者可不是一般人，非富即贵。穷人家没钱买假发，若有婚嫁大事，就会向人借假发髻。《晋书·五行志》记载："太元中，公主妇女必缓鬓倾髻，以为盛饰，用髪（假发）既多，不可恒戴，乃先于木及笼上装之，名曰假髻，或名假头。至于贫家不能自办，自号无头，就人借头，遂步天下。"《晋书》还记载了另一段有关假髻的文字："东家女儿发委地，日日高楼理高髻。西家女儿发垂肩，买妆假髻亦峨然。金钗宝钿围珠翠，眼底谁能辩真伪，夭桃窗下来春风，假髻美人先入宫。"这段文字非常有意思，表述了假发髻在魏晋时期的重要性，它竟比真发做的发髻还受欢迎，打破了汉代以长发为美的选美标准。到了南北朝时期，假发更成了一种商品。北齐有"又妇人皆剪剔以着假髻""（剪发）五百钱为买棺"等。

图54-2　唐代假髻

唐·泥塑彩绘侍女头像，新疆维吾尔自治区吐鲁番市哈拉和卓墓出土。

　　到了唐代，假发的使用就更多了，比如"半翻髻""漆鬟髻""堕马髻""抛家髻""囚髻"等都是假髻，材质有木质、竹编、棕榈、马尾巴等。其制作方式为先用木或藤条竹子搭建一个框架，也有"铁铜为骨"，然后用"纸绢为衬"，再在上面覆盖假发丝（马尾或棕榈或他人剪下来的头发等）。

　　由此可见，不管是头发多的人不想戴假发，还是头发少的人需要一项假发，早在先秦时期，假发就确确实实已经出现在人们的生活中。南北朝开始，假发渐渐成了一种商品，一些贫家女子因生活所迫，常以剪头发来换取钱财维持生计。到了唐代，它还成了妆饰中的奢侈品，贵族的

图54-3　唐代假髻

唐·绘花木假髻，新疆维吾尔自治区吐鲁番市阿斯塔那古墓群出土。

"整形"道具。明清时期至现在，部分乡镇农村地区都还存在着走街串巷收购头发的人，他们将收购来的头发卖给制作假发的作坊，作坊再将发丝制作成假发出售。

图54-4　清代卖头篦的货郎
清·《卖头篦》，外销画白描图之一。图中人物在卖梳子和假发。

55. 古人用什么洗发护发?

说起洗护用品,我们习惯性觉得那是现代文明的产物。其实早在春秋战国时期,我们的祖先就已经会护肤和养发了。

《诗经·卫风·伯兮》:"岂无膏沐,谁适为容。"《说文解字》中对于"沐"的解释是"濯发也","膏沐"即古代的一种洗发之物。另外《列子·周穆公》曰:"施芳泽,正蛾眉。"芳泽便是一种古老的发油。《楚辞通释》解释:"芳泽,香膏,以涂发。"另外,战国时期宋玉的《神女赋》有写:"沐兰泽,含若芳。"唐代李善对其注解道:"沐,洗也,以兰浸油,泽以涂头。"

(1)膏沐

唐代颜师古对"膏沐"的注解为:"膏沐者,杂聚众芳以膏煎之,乃用涂发使润泽也。"这种洗发护发之物,既有清洁头发的作用,又有留香的效果,令人心情愉悦。

(2)泽兰

明代毛晋对"泽兰"的注解:"陈藏器云:'兰草,妇人和油泽头,故曰泽兰'。""凡兰皆有一滴露珠在花蕊间,谓之'兰膏',不啻沆瀣。"

（3）香泽

香泽又叫"芳泽"，是古代的一种护发素。汉代刘熙的《释名·释首饰》："香泽者，人发恒枯悴，以此濡泽之也。"

除此之外，古人还有"五香散""绿云油""香发散""松膏"等洗发护发用品。

古代的休息日曾以"休沐"命名，唐代《初学记》卷二十记载："休假亦曰休沐。《汉律》：'吏五日得一下沐。'言休息以洗沐也。"在古代，这一天官吏不用上朝或者当差，在家休息沐浴洗发。按照现在的话说，放假一天可去泡温泉蒸桑拿。所以不要觉得古人不会生活，人家还专门为洗澡洗头安排了时间。

从仕的男子有"休沐"，宋明时期的女子也有属于自己的"爱发日"。在民间，女子会在六月初六结伴采取木槿花的花和叶研出汁液，煮沸加热后用来洗头，据说这样可以去污垢。如今有些地区的七夕节也有女子洗头的习俗呢，节日这天，女子将一些特定植物混合捣碎，和水洗头。

56. 先秦时期少年的发型是什么样的?

《诗经·鄘风·柏舟》曰:"泛彼柏舟,在彼中河。髧彼两髦,实维我仪。之死矢靡它。母也天只!不谅人只!泛彼柏舟,在彼河侧。髧彼两髦,实维我特。之死矢靡慝。母也天只!不谅人只!"整首诗讲述了一个情窦初开的少女爱上了一个年纪相仿的少年,但遭到了母亲的反对,倔强的少女不听从安排,坚守自己爱情的故事。诗中提到了少年的相貌:"髧彼两髦,实维我仪。""髧"为头发下垂的样子,"两髦"为头发齐眉,分向两边状,是行冠礼前的男子的头发样式。

冠礼起源于周代,是汉族男子的成年礼。《礼记·曲礼》记载:"男子二十冠而字。"男子年及二十,便可举行成年礼,宣告自己成年,至此开始便要束发戴冠,区别于未成年男子。那么诗中这个"髧彼两髦"的情郎显然还未成年,这种披头散发的形象大概就是那个时候少年的样子。

57. 先秦时期美人的发型是什么样的?

众所周知，中国古代的男女都留有长发，并会将长发盘于头顶。有关华夏族盘发于顶的文字记载，上可追溯到先秦。

《楚辞·招魂》曰："激楚之结，独秀先些。"结，头髻也。"髻"为盘在头顶或者脑后的发型，《说文解字》解释"髻"为"总发也"。"总"是聚集的意思，"激楚之结"的"结"则是一种将头发聚集成束、盘在头顶或脑后的发型。

到了唐代，段成式收集出现过的发髻信息，整理文字并编纂成册，名《髻鬟品》。此册中提到发型名称数量多达百余种。

左上/图57-1 战国晚期平民男子的发髻
战国晚期·青铜马车。驾车的男子头梳歪髻，歪髻在先秦时期颇为常见，多为身份卑贱者梳。

右上/图57-2 战国束发垂背的女子

左下/图57-3 战国贵族男子的发髻
战国·《人物御龙图》帛画（局部）。图中的男子正髻（扁髻），头戴高冠。

111

图57-4　战国贵族女子的发髻

战国·《人物龙凤图》。图中的女子脑后盘髻，以发绳捆扎成型。先秦时期女子不光有脑后的发髻，还有头顶的发髻以及不结髻、只束发垂背的。

58. 汉代女子最流行的发型居然与最妖娆的舞姿有关?

《后汉书·梁冀传》写道:"(孙寿)色美而善为妖态,作愁眉,啼妆,堕马髻,折腰步,龋齿笑,以为媚惑。"孙寿的"堕马髻"和"折腰步"一直被世人津津乐道,现代很多人好奇这些到底是否真实存在过。

孙寿是东汉时期的人物,与之相对应的形象可以在东汉画像砖以及墓室壁画中窥探一二,画中大多人物发型的要素有高髻、垂髾、步摇。这种形象一直到了魏晋南北朝还有流行。北京舞蹈学院孙颖教授编排的舞蹈《踏歌》,便极好地再现了"堕马髻"与"折腰步"的关系。"轶态横出,瑰姿谲起""交长袖,手足并重""委蛇姌袅,云转飘忽",东汉时期《舞赋》中的这些描写,也颇有孙寿"折腰步"的影子。手足并重,腰部带动肩膀和两股的行走方式,将头上发髻的垂髾甩得极具节奏感,俏皮而灵动,韵味十足。

"髾"注解为头发梢,意为"撮发为髻,散垂余髾于其后"。目前出土的汉代文物中的女子形象,无论是低垂的发髻还是高耸的发髻,旁边都有一撮小头发作点缀。

图58-1　汉代长袖舞蹈女子
汉·东平汉墓壁画。图中的女子长袖起舞,头顶高髻,垂髾在一边。

59. 汉代女子的发髻还有哪些?

一说起汉代的女性,人们不自觉地就会想到长发及腰的形象,这种联想主要是受影视剧的影响。影视剧中,不管是西汉还是东汉的故事,女性角色大多头上光秃秃无发髻,头发统一放于背后捆扎成束。其实背后成髻只流行于西汉早期,西汉中晚期便有高髻出现了。

图59-1　西汉垂髻
西汉·女俑,任家坡西汉墓出土。

图59-2　西汉晚期高髻
汉·东平汉墓壁画。壁画上的三个女子身穿长袍,头梳高髻,垂髻偏向一边。不难发现,无论是垂髻还是高髻,其组成部分一致,即髻和垂髻组合。这种组合在东汉也颇为常见。

图59-3　西汉早期平髻
汉·奏乐俑,长沙马王堆汉墓出土。

图59-4 西汉早期平髻（仿妆）

图59-5 西汉垂髻（仿妆）
长眉微微、青丝垂垂。汉武多情、平阳府内。

而高髻并不是西汉中晚期才有的，在汉武帝时期就有出现过。据《汉武帝内传》记载："夫人年可廿余，天姿清晖，灵眸绝朗，服赤霜之袍，六彩乱色，非锦非绣，不可名字。头作三角髻，余发散垂至腰。"垂发类似汉晋时期的"垂髫"，此形象在汉代以及魏晋南北朝画像砖和壁画中经常能看到。

东汉更是延续了西汉晚期的高髻风格，并在此基础上变得更加高大厚实，还出现了其他花式。

图59-6　三角髻
十六国·甘肃酒泉十六国墓室壁画（穹顶部分），为"西王母"形象。"西王母"头梳三角髻。

图59-7　东汉初期高髻
汉·陕西定边郝滩新莽至东汉初期墓壁画。右边穿蓝衣服的女主人头梳高髻，垂髻在一边。

图59-8　东汉高髻
汉·打虎亭汉墓壁画。壁画中的女子着襦裙梳高髻，此时的高髻已经变得宽大了。

图59-9　东汉其他发型
汉·和林格尔东汉墓壁画。壁画中的几个女子发髻各异，有的鬟髻，有的实心高髻。

图59-10　打虎亭汉墓高髻（仿妆）

60. 汉代女子的首饰盒中有哪些好东西？

汉代的窈窕淑女有头上戴着翡翠头饰、耳朵上挂着珍珠做的耳饰的："若乃窈窕淑女，美腰艳姝，戴翡翠，珥明珠，曳离桂，立水涯。"（杜笃《祓禊赋》）有头戴金镶玉花钗的："曳丹罗之轻裳，戴金翠之华钿。"（丁廙《蔡伯喈女赋》）有腰间挂着珠子、佩戴着琚玉的："被华文，曳绫縠，弭随珠，佩琚玉。"（傅毅《七激》）有头戴珠簪、身配兰草、腰间悬挂环佩的："露素质之皎皎，绾玄发以流光。结翠叶于珠簪，擢丹华于绿房，点圜的之荧荧，映双辅而相望。袭游闲之妓服，褥阿縠之桂裳，纫畹兰于缨佩，动晻暖以遗芳。既容冶而多好，且妍惠之纤微。顾见予之独立，知我情之思归。鸣环瑱以回眄，若欲进而行迟。"（繁钦《弭愁赋》）有佩戴用金子打造的羽毛形状头饰、夜明珠材质耳饰的："戴金羽之首饰，珥昭夜之珠珰。"（王粲《神女赋》）还有头上戴雀形的钗、腰上有各色宝石配饰的："头上金爵钗，腰佩翠琅玕。"（曹植《美女篇》）

由此可见，汉代女子的首饰以金饰和玉饰居多。

图60-1　北魏兽首金步摇

图60-2　西晋花树金步摇

左/图60-3　汉代花鸟金步摇
汉代至魏晋南北朝的步摇多为丛形，如同一束花草，开枝散叶。

右/图60-4　戴步摇的贵妇
西汉·马王堆汉墓帛画。何为步摇？"上有垂珠，步则动摇也"。一步一摇，风情万种。

61. 古代女子必不可少的一样美发用品是什么？

东汉时期的《城中谣》写道："城中好高髻，四方高一尺。城中好广眉，四方且半额。城中好大袖，四方全匹帛。""高髻"在西汉中晚期就已经普遍流行了，城中的贵妇可以梳，城外郊区的女子也可以，并且她们还起了攀比之心，比起了发髻的高矮。那么古代的女子在没有现代强力发胶的辅助下，是怎么做到将头发高高挽起的呢？

司马相如的《上林赋》中提到了"靓庄刻饰"，"刻饰"指的是女子发型的修饰之物。古代以胶刷鬓，使之整齐，好像是刻出的画一般。相传魏文帝宫人莫琼树以膏沐掠鬓，将鬓发梳理成薄片之状，贴于面颊，谓之"蝉鬓"。这种鬓发是靠涂抹发胶打理成型的。五代马缟的《中华古今注》也记载了相关内容："琼树始制为蝉鬓，望之缥缈如蝉翼，故曰蝉鬓。"这种能使鬓发发硬整齐的"膏"，用在发髻上也是极有可能的，能使发髻不倒不乱。张衡的《七辩》写道："鬓发玄髻，光可以鉴。"这短短八个字，点出了女子的鬓发和发髻是抹了发油发胶之类的东西，才会在光照下锃光瓦亮。

古代的"发胶"除了莫琼树的"膏"之外，还有其他各种各样的美发用品，比如棉籽油、郁金油、兰膏等。棉籽榨的油可使头发光润并且具有黏性，便于定型，明清时期女子脑后翘起来的"燕尾"用的就是它。《醒世姻缘传》："(郭氏)漓漓拉拉地使了一头棉籽油（棉花籽制成的油），散披倒挂地梳了个雁尾，使青棉花线撩着。"唐代的《云仙杂记》记载了郁金油："周光禄诸妓，掠鬓用郁金油（郁金香熬制的发油）……"唐代的《陶母截发赋》提到了兰膏："象栉重理，兰膏旧濡。"《岭南杂记》中还记载有一种"香胶"："粤中有香胶，乃未高良姜同香药为之，淡黄色，以一二匙津热水半瓯，用抿妇人发，香而解腻，膏泽中之逸品也。"清代还出现了从榆树木的刨花中提取的发胶，这种发胶是用浸泡刨花片的热水中出现的浅褐色黏液制成。

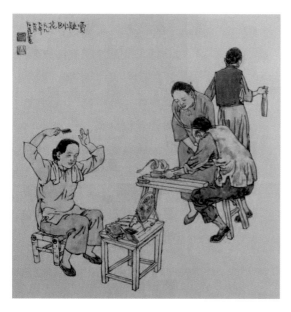

图61-1 卖刨花水的场景
贺友直《老上海风俗画》。

62. 魏晋南北朝女子的发型有哪些?

魏晋南北朝时期的发型保留了秦汉以来的髻与鬟的特点，又在其基础上创造了新的风格。清代小说家魏秀仁在《花月痕》中借"韦痴珠"之口，对这个时期的发髻作了个评价："你不要横加议论，等我讲清这个髻给你听吧。高髻始于文王，后来孙寿的堕马髻，赵飞燕的新髻，甄后的灵蛇髻，魏宫人的警鹤髻，愈出愈奇，讲不尽了。""奇"这个字便是对魏晋南北朝时期发髻最贴切的概括。

(1) 惊鹤髻

惊鹤髻的形状如同被惊飞的鹤展开的双翅，《古今注》有记载："魏宫人好画长眉，今多作翠眉惊鹤髻。"这个发髻唐代亦有出现。

左/图62-1　西魏惊鹤髻
西魏·敦煌莫高窟第285窟壁画，箜篌飞天形象。画中人物头上的发髻犹如两只飞翔的鸟。

右/图62-2　惊鹤髻
唐·吴道子《八十七神仙卷》（局部）。图中仙女便梳着惊鹤髻。唐代的惊鹤髻更加高大夸张。

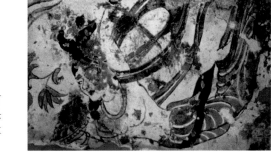

图62-3　惊鹤髻
新疆维吾尔自治区克孜尔石窟壁画。图中飞天人物的头顶有着犹如鸟类翅膀的高大发髻。

（2）灵蛇髻

《采兰杂志》记载："甄后既入魏宫，宫庭有一绿蛇，口中恒有赤珠，若梧子，不伤人，人欲害之。则不见矣。每日后梳妆，则蛇盘结一髻形于后前，后异之，因效而为髻，巧夺天工，故后髻每日不同，号为灵蛇髻，宫人拟之，十不得其一二。"根据文字描述，灵蛇髻大概为一种条状盘桓类的发髻，具有灵巧性和多变性，具体形状不得而知。

图62-4 魏晋灵蛇髻（仿妆）
魏宫有灵蛇，其形多婀娜。
化为头上髻，配以粗直蛾。

（3）芙蓉髻

《妆台记》中有关于芙蓉髻的记载："晋惠帝令宫人梳芙蓉髻，插通草五色花。"

（4）螺髻

螺髻因形状犹如螺而得名，是一种盘桓类的发髻。唐宋时期还能见到它的身影。唐代的张籍在《昆仑儿》一诗中对此发髻描写道："金环欲落曾穿耳，螺髻长卷不裹头。自爱肌肤黑如漆，行时半脱木绵裘。"

（5）十字髻

十字髻因形状如"十"字而得名，盛行于魏晋南北朝时期。早期十字髻配以宽松的鬓发，后期鬓发渐渐收紧。

图62-5 螺髻
新疆维吾尔自治区克孜尔石窟中的壁画。图中持剑的男子头上盘的即为螺髻。

图62-6 螺髻
北魏·麦积山石窟中的螺髻塑像（左）。

图62-7　十字髻
北魏·司马金龙墓屏风画。

图62-8　十字髻
北魏·彩绘陶女俑，上海震旦博物馆藏。这种宽大的鬓发又叫"缓鬓"。

图62-9　十字髻
北魏·彩绘女俑。这时期的十字髻，两鬓已经收紧，不再垂肩。

图62-10　叉手髻
南北朝·麦积山石窟中的梳"叉手髻"的塑像。

（6）叉手髻

叉手髻梳理交叉，有如叉手礼一般。《北史》中有相关记载："女妇束发，作叉手髻。"

（7）分髾髻

《宋史·占城国传》记载了分髾髻："撮发为髻，散垂余髾于其后。"唐代刘存的《事始》对此追本溯源道："汉明帝令宫人梳百合分髾髻。"这分髾髻便是西汉中晚期至东汉的高髻之一。

图62-11　魏晋分髾髻
魏晋·嘉峪关魏晋画像砖。画上的女子垂长髾。

（8）太平髻、蔽髻

《晋书·舆服志》记载："贵人、贵嫔、夫人助蚕，服纯缥为上与下，皆深衣制。太平髻，七钿蔽髻，黑玳瑁，又加簪珥。九嫔及公主、夫人五钿，世妇三钿。"太平髻与蔽髻为贵族女子的发髻，一般为盛装打扮时使用。

（9）解散髻

南朝梁萧子显的《南齐书·王俭传》中有关于解散髻的记载："（王俭）作解散髻，斜插帻簪，朝野慕之，相与放效。"

63. 古代有哪些"新潮发型"？

汉代辛延年的《羽林郎》曰："胡姬年十五，春日独当垆。长裾连理带，广袖合欢襦。头上蓝田玉，耳后大秦珠。两鬟何窈窕，一世良所无。""鬟"亦称"鬟髻"或者"环髻"。《说文解字》："鬟，总发也。从髟，睘声。"郑珍注解："谓盘鬟如环。"鬟髻始于秦汉，之后的魏晋南北朝、隋唐、五代、两宋、元明清都有此类发型。鬟髻有很多形式，有竖的、横的、斜的，也有下垂的，有大环圈的、小环圈的，还有单鬟、双鬟或多鬟之分。

梳鬟髻的女子一般未成年，丫鬟、歌舞伎、宫廷女子等都爱梳它，就连艺术家笔下的仙女也有梳鬟髻的。

以下为古代部分有关鬟髻的名称及其注解：

（1）凌云髻

凌云髻为单鬟高髻，因高耸入云而得名。据《中华古今注》记载："始皇诏后梳凌云髻，三妃梳望仙九鬟髻，九嫔梳参鸾髻。"

（2）双鬟望仙髻

双鬟望仙髻梳于头顶或两侧，从唐代

段成式的《髻鬟品》中可知，唐玄宗时，宫中盛行双鬟望仙髻，后为贵族妇女所喜尚，宋时仍流行。

（3）缬子髻

缬子髻流行于两晋南北朝。晋代干宝的《搜神记》："晋时，妇人结发者，既成，以缯急束其环，名曰'缬子髻'。始自宫中，天下翕然化之。"周锡保的《中国古代服饰史·魏、晋、南北朝服饰》一书中提道："（东晋十六国冬寿墓壁画）日文版《服饰辞典》作鬟状髻，亦合，但较为笼统。此髻既有环，而又急束其髻根处然后作环，似乎较合缬子髻的梳妆法。"

（4）飞天髻

相传飞天髻起源于南朝宋文帝时期。《宋书·五行志一》："宋文帝元嘉六年，民间妇人结发者，三分发，抽其鬟直向上，谓之'飞天紒（髻）'。始自东府，流被民庶。"

图63-1 缬子髻
东晋·冬寿墓壁画。壁画正中的女主人作缬子髻。

图63-2 南朝飞天髻
南朝·画像砖。浙江余杭小横山南朝画像砖中的仙人形象。

（5）四起大髻

唐代李贤注《后汉书·明德马皇后纪》引《东观记》："明帝马皇后美发，为'四起大髻'，但以发成，尚有余，绕髻三匝。"《中国历代美容·美发·美饰辞典》提到："东汉明帝马皇后，美发特长，挽髻于顶，余发仍长，于是绕髻三周，在头顶形成四层发圈，故名'四起大髻'。"

（6）飞髻

相传飞髻起源于北朝。《北史·齐本纪下第八》："妇人皆剪剔以著假髻，而危邪之状如飞鸟，至于南面，则髻心正西。始自宫内为之，被于四远。"《中国历代美容·美发·美饰辞典》中收录的飞髻形象为河南邓州市北朝墓壁画中的一个五鬟形象。

（7）十二鬟髻

十二鬟髻始于西汉汉武帝时期。《中华古今注》记载："汉武帝又令梳十二鬟髻。"宋代黄庭坚的《采桑子》亦有写道："晓镜新梳十二鬟。"

图63-3　北朝飞髻
北朝·河南邓州市南北朝墓壁画。壁画中仙人头上的发髻呈不规则的鬟状。

（8）十八鬟髻

十八鬟髻为舞姬常用发髻。唐代李贺的《美人梳头歌》："春风烂漫恼娇慵，十八鬟多无气力。"

（9）圆鬟椎髻

《新唐书·五行志一》："元和末，妇人为圆鬟椎髻，不设鬏饰，不施朱粉，惟以乌膏注唇，状似悲啼者。圆鬟者，上下自树也；悲啼者，忧恤象也。"

（10）堕马鬟髻

堕马鬟是环状的堕马髻，流行于唐至两宋。唐代张昌宗的《太平公主山亭侍宴》："扇掩将雏曲，钗承堕马鬟。"宋代后演变为"偏鬟髻"。

（11）双蟠髻

双蟠髻又名"龙蕊髻"。苏轼的《南歌子》有提到："绀绾双蟠髻。"这种鬟髻髻心特大，有双根扎以彩色之缯，两个环状发髻在髻心之上。

（12）云鬟髻

云鬟髻为宋代歌舞伎常用的一种发型。《宋史·乐志十七》："采莲（舞）队，衣红罗生色绰子，系晕裙，戴云鬟髻，乘彩船，持莲花。"

64. 魏晋南北朝女子的鬓发有哪些样式?

南朝的《西洲曲》云:"单衫杏子红,双鬓鸦雏色。"意思为杏红色的单衫,乌鸦(雏鸟)色的鬓发。"鬓发"乃面颊两边的碎发,现代社会人们早已不太注重这块的打理了。但是在古代,这可是整体发型的重要组成部分之一,把鬓发打理整齐,是对他人的尊敬也是关乎自己的体面。《西洲曲》中提到的"双鬓鸦雏色",流行于魏晋南北朝及隋唐时期。除颜色为黑色之外,还刻意将其整理成薄片。

魏晋南北朝时期女性的鬓发各式各样,除了"鸦鬓",还有"蝉鬓""步摇鬓""缓鬓"等。它们有长有短,有粗有细,有的飘逸,有的贴面。

图64-1 魏晋鬓发
东晋·顾恺之《女史箴图》
(局部),大英博物馆藏。

图64-2 十六国鬓发
十六国·壁画。

"蝉鬓"，据晋崔豹的《古今注》记载："魏文帝宫人绝所爱者，有莫琼树、薛夜来、陈尚衣、段巧笑四人，日夕在侧。琼树乃制蝉鬓，缥缈如蝉翼，故曰蝉鬓。巧笑始以锦衣丝履作紫粉拂面，尚衣能歌舞，夜来善为衣裳，一时冠绝。"五代马缟《中华古今注》对此注解："魏宫人好画长眉，令作蛾眉、惊鹤髻。魏文帝宫人绝所爱者，有莫琼树、薛夜来、陈尚衣、段巧笑，皆日夜在帝侧，琼树始制为蝉鬓，望之缥缈如蝉翼，故曰'蝉鬓'。巧笑始以锦衣丝履，作紫粉拂面。尚衣能歌舞。夜来善为衣裳。皆为一时之冠绝。"

　　"步摇鬓"是一种长长的假鬓，就如同步摇一样插在发髻里。流行于西晋末期。宋高承《事物纪原》记载："冯鉴《后事》云：晋永嘉中，以发为步摇之状，名曰鬓。"

　　"缓鬓"流行于东晋时期，是一种比较蓬松的鬓发。《晋书·五行志上》："太元中，公主妇女必缓鬓倾髻，以为盛饰。"

图64-3　魏晋鬓发（仿妆）
头上金步摇，环佩腰间绕。
罗裙云雾来，风临鬓飞俏。

65. 唐代女子的发型有哪些?

唐代女子的发髻样式繁多,有些有文字记载和出土文物形象,有些只有记载但还未找到对应的形象,有些只有形象而未有对应记载。唐代段成式的《髻鬟品》记载了许多发髻样式,然而其中记载的,大多仅为发髻的名字,并未说明形状和梳理方式。其中也有一些名称具有象形表述性,我们可以根据名称与文物的对比,找到一些发髻样式的蛛丝马迹。

(1) 初唐

初唐时期延续了前朝发髻的一些风格,同时也流行起了高髻。初唐时期的高髻缠得比较紧,形状高耸如厦,显得人精神抖擞。

"坐愁髻"始于南北朝,扁平状。"坐愁"二字为含忧默坐的意思。唐代王建的《调笑令》:"遥看歌舞玉楼,好日新妆坐愁。愁坐,愁坐,一日虚生虚过。"清代钱塘徐士俊的《十髻谣》:"坐愁髻(隋炀帝时)江北花荣,江南花歇。发薄难梳,愁多易结。"

左/图65-1 隋代坐愁髻
隋·女立俑,隋仁寿二年(602)长孙妻薛氏墓出土。女俑发髻平整、低矮,犹如坐具。这种发髻延续了魏晋南北朝时期部分北方发髻的特色,便于戴冠帽,如图65-2。

右/图65-2 北朝坐愁髻和帽饰
北朝·山西北朝墓室壁画。画中人物扁平的发髻,可以裸髻,亦可以戴上扁平的方顶帽饰。

"反首髻"始于隋代，将额前头发分成两股向后梳理，后面的头发成髻向前固定，前发包裹住发髻，成反首之状。隋代黄绿釉琵琶女俑就梳了此髻。到了初唐，额前两边的头发梳得更紧。

　　"翻荷髻"始于隋代，形如荷叶被翻起来的样子，属于高髻，有点形似反首髻。清代王士禄的《浣溪沙·其七》："瘦损腰围如弱柳，梳成髻子是翻荷。"这种发髻先在头顶梳一个扁长的发髻，再将一边的发丝绕扁髻一周，在结尾处反折内扣。

图65-3　隋代反首髻
隋·红陶黄绿釉宴乐女俑。右一和左边第二排第三个为"坐愁髻"，左边第一排三个均为"反首髻"。

左/图65-4　隋代翻荷髻
隋·捧罐陶女立俑，上海博物馆藏

右/图65-5　隋代翻荷髻
隋·白釉陶女舞俑，上海博物馆藏

133

《髻鬟品》记载了"半翻髻"："高祖宫中有半翻髻。"日本原田淑人在《中国唐代的服装》中写道："半翻髻，似相当于新疆发掘《树下美人图》的头发。"根据画面展示，此发髻有一半往上翻起。半翻髻的形态自初始阶段到后期一直在变化，一直到了元代，还有它的影子。元代张宪的《大都即事六首·其三》："额黄斜入鬓，侧髻半翻鸦。"

"百合髻"是初唐时期流行的发髻之一。据《中华古今注》记载："头髻自古之有髻，而吉者，系也……贞观中……又百合髻，作

图65-6　初唐半翻髻
唐·昭陵韦贵妃墓壁画。

图65-7　半翻髻
唐·《树下美人图》（局部），新疆维吾尔自治区吐鲁番市阿斯塔那古墓群出土。

图65-8　唐代半翻髻
唐·彩绘女俑、西安博物院藏。

图65-9 唐代百合髻
唐·唐三彩女坐俑。图片采自纽
约苏富比2016年秋季拍卖会、
"艺海观涛：坂本五郎珍藏中国
艺术—高古"专场。

图65-10 唐代慵来髻
唐·于阗国壁画。画中人物头顶
小髻，半披着头发。

图65-11 武周凤髻
唐·女俑头、新疆维吾尔自治区
吐鲁番市阿斯塔那古墓群第188
号墓出土。

白妆黑眉。"此髻形状类似百合，中段下凹，两边突起。

"慵来髻"又名"小髻"。唐代玄藏的《大唐西域记》卷二记载："（滥波国人）顶为小髻，余发垂下，或有剪髭，别为诡俗。"唐代罗虬的《比红儿诗》："轻梳小髻号慵来。"这种发髻的髻式很小，梳于头顶，髻下头发也是松散随意。

（2）武周

武周时期的发髻以高髻为主，显示了女性地位的提高。当时很多发髻的样式巍峨高大，除了半翻髻外，还有一些其他高髻。

"凤髻"一词出现在《髻鬟品》中有关周文王时期的记载。唐代刘禹锡的《和乐天柘枝》："松鬓改梳鸾凤髻。"五代冯延巳的《菩萨蛮·金波远逐行人云》："玉筝弹未彻，凤髻鸾钗脱。"由此推测，"凤髻"不一定是头发梳理成凤凰的样式，多半是头上的饰品为凤鸟状。为了使比例协调，这种发髻鬓发蓬松，从武周后期一直流行至盛唐。清代钱塘徐士俊的《十髻谣》："凤髻（周文王时一名步摇髻）有发卷然，倒挂么凤。侬欲吹箫，凌风飞动。"

唐代顾况的《险竿歌》提到了"反绾髻"："翻身挂影恣腾蹋，反绾头髻盘

135

旋风。"顾况称反绾髻为在头顶盘旋的发髻,"螺髻"大抵就是反绾髻的一种。

《全唐文》记载了唐代舞蹈家卢金兰的肖像:"为绿腰、玉树之舞,故衣制大袂、长裙。作新眉愁啼。顶鬟为娥丛小鬟。"《旧唐书》记载了唐代舞姬的装束:"舞四人,碧轻纱衣,裙襦大袖,画云凤之状。漆鬟髻,饰以金铜杂花,状如雀钗;锦履。舞容闲婉,曲有

图65-12　唐代反绾髻
唐永泰公主墓壁画。

图65-15　武周漆鬟髻(仿妆)
双鬟高义髻,分梢眉参天。
谁家女娇娥,洛阳白牡丹。

图65-13　武周漆鬟髻
唐·乐舞女俑,洛阳孟津岑氏夫人墓出土,洛阳博物馆藏。女俑头戴高大的假发髻、翩翩起舞。

图65-14　漆鬟髻
唐·漆鬟髻彩衣舞俑、陕西历史博物馆藏。

136

图65-16 武则天游船图
乌兹别克斯坦撒马尔罕Afrasiab遗址壁画。

图65-17 武周交心髻
唐·乐舞女俑，洛阳孟津岑氏
夫人墓出土，洛阳博物馆藏。

图65-18 唐代交心髻
唐·永泰公主墓壁画。

姿态。""漆鬟髻"其实为假髻，朝鲜王朝宫廷女性参加祭祀等重大典礼时也有类似的发髻，为木质，上黑漆，称为"举头美"。乌兹别克斯坦撒马尔罕Afrasiab遗址有幅壁画描绘了中国唐代的皇族。画中的两个女主人就头梳高大的双鬟。

"交心髻"始于武周，流行于盛唐。其发式为相交的双髻，因此而得名。五代的王仁裕在《开元天宝遗事》中记载了此发髻："玄宗在东都，昼梦一女，容貌艳异，梳交心髻，大袖宽衣，拜于床前。"

左/图65-19　唐倭堕髻（单髻）
唐·彩绘女俑，陕西历史博物馆藏。

右/图65-20　唐倭堕髻（双髻）
唐·彩绘女俑，陕西历史博物馆藏。

左/图65-21　唐代愁来髻
唐·《弈棋仕女图》（局部），新疆维吾尔自治区吐鲁番市阿斯塔那古墓群第187号墓出土。

右/图65-22　唐代偏髻
唐·女俑、西安韩森寨唐墓出土。

（3）盛唐

盛唐时期的发髻样式一般比较大，尤其是鬓发部分，出现了"两鬓抱面"。唐代白居易的《长相思》："蝉鬓鬅鬙云满衣，阳台行雨回。"蓬松且宽大的鬓发，如同一顶帽子覆盖在头上。

"倭堕髻"为将鬓发梳向脑后，掠至头顶，挽成一个或两个发髻，向前垂至头顶的发型。唐代许景先的《折柳篇》："宝钗新梳倭堕髻，锦带交垂连理襦。"

相传"愁来髻"为杨贵妃所创。《髻鬟品》："贵妃作愁来髻。"

"偏髻"的髻式偏向一边，有实心的也有鬟形的。唐代岑参的《醉戏窦子美人》："朱唇一点桃花殷，宿妆娇羞偏髻鬟。"

"宝髻"是缀以珠钗宝石的发髻，珠光宝气，富贵隆重。唐代李隆基的《好时光》："宝髻偏宜宫样，莲脸嫩，体红香。"唐代李白的《宫中行乐词八首》："山花插宝髻，石竹绣罗衣。"宝髻分两

图65-23　宝髻
北魏·李宪墓棺椁线刻画。

种，一种为真发上插缀金银珠宝头饰，一种为假发髻上描金花形抑或镶嵌珠宝。

"乌蛮髻"是流行于盛唐晚期至中唐时期少数民族地区的发髻。《苗俗纪闻》记载："妇人髻高一尺，婀娜及额，类叠而锐，倘所谓乌蛮耶。"《唐人小说》及《绿窗新语》亦有提及。唐代袁郊的《甘泽谣·红线》描写了红线女梳此发髻："梳乌蛮髻，攒金凤钗，衣紫绣短袍，系青丝轻履。"

（4）中唐

中唐时期乱世刚过，此时的发型留有盛唐的影子，但到后来比盛唐的发型还要夸张，犹如《晋书·舆服制》中表述乱世终结后的"不拘服制"一般。

"堕马髻"始于东汉，到了唐代其形不太一样，但都是歪向一边，呈下垂状。唐代李贺的《美人梳头歌》："西施晓梦绡帐寒，香鬟堕髻半沉檀。"唐代岑参的《敦煌太守后庭歌》："美人红妆色正鲜，侧垂高髻插金钿。""堕马"二字一般表示偏髻或者是往下垂的发髻。这种发髻汉唐之后还有存在。

"丛髻"流行于中晚唐至五代时期。髻式犹如一束花束散开，成条或者成鬟。唐代王健的《宫词》："翠髻高丛绿鬓虚。"唐代元稹的《梦游春七十韵》：

图62-24　唐代堕马髻
唐·彩绘女俑、故宫博物院藏。

139

左/图65-25 唐代丛髻
唐·贵妇人俑，广州好普艺术馆藏。

右/图65-26 五代丛髻
五代·敦煌供养人形象。

图65-27 五代丛髻（仿妆）
分发束丛髻，花是少时红。
腮若染霞云，色晕胭脂透。

"丛梳百叶髻，金蹙重台屦。"

"闹扫妆髻"流行于中晚唐时期。《髻鬟品》记载了这个发型："贞元中……又有闹扫妆髻。"清代钱塘徐士俊的《十髻谣》也写了它："闹扫妆髻（唐贞元时）随意妆成，是名闹扫。枕畔钗横，任君颠倒。"这个发髻比较随意，髻式蓬松，大有"风鬟雾鬓"之状。唐代白行简的《三梦记》亦有记载："唐末宫中髻，号'闹扫妆'，形如焱风散髾，盖盘鸦、堕马之类。"

"鸦鬟峨鬟"又称峨鬟垂鬓，流行于中晚唐时期。唐代的"鸦鬟"形如乌鸦剪刀状的尾巴，又称"危鬟"。唐代段成式的《戏高侍

图65-28 闹扫妆髻

图65-29 唐代鸦鬟峨鬟
唐·陕西西安韩家湾唐墓壁画。

图65-30 唐代峨髻
唐·周昉《簪花仕女图》
（局部）。

御》："两重危鬟尽钗长。"唐代谷神子的《博异志·沈恭礼》则记载了这种形象："堂东果有一女子，峨鬟垂鬓，肌肤悦泽，微笑转盼。"

（5）晚唐

晚唐时期的发髻风格与中唐时期的差异不大，样式更为夸张，这种审美直接影响了五代和北宋初期。

"峨髻"是一种高髻。唐代陆龟蒙的《古态》："城中皆一尺，非妾髻鬟高。"中唐开始高髻尤甚，其夸张程度有些不忍直视，因此皇帝曾明令禁止过，但

图65-31 晚唐—五代峨髻（仿妆）
妾身有高髻，峨峨入云巅。
莫嗔《城中谣》，笑谈亦枉然。

晚唐又开始盛行。这种发髻自晚唐流行至五代十国时期。

"抛家髻"的发髻像是夸张版的堕马髻，有将发髻抛飞出去的感觉。《新唐书·五行志》记载："唐末京都妇人梳发，以两鬓抱面，状如椎髻，时谓之抛家髻。"

《新唐书·五行志》记载了囚髻："僖宗时，内人束发极急，及在成都，蜀妇人效之，时谓为'囚髻'。"囚髻大概是僖宗时期"内家妆"搭配的发髻了。此髻为高髻，亦是假髻，形状犹如一只鸟笼，将真发束之于上。宋代赵彦卫在《云麓漫抄》中写道："唐末丧乱，自乾符后，宫娥宦官皆用木围头，以纸绢为衬脚，用铜铁为骨，就其上制成而戴之，取其缓急之便，不暇如平时对镜系裹也。"

宋代王谠的《唐语林·补遗三》记载了拔丛髻："唐末妇人梳髻谓'拔丛'，以乱发为胎，垂障于目。""以乱发为胎"这大概是较早的垫发方式之一了。

图65-32　南唐囚髻
五代十国·舞蹈女俑，中国国家博物馆藏。

图65-33　五代后唐拔丛髻
五代后唐·秦王李茂贞墓壁画。壁画中的宫伎乐女头梳拔丛髻，发髻松散宽大。

66. 唐代女子用什么"神器"固定发髻?

图66-1 缯
魏晋南北朝·女俑、中国国家博物馆藏。女俑头梳"十字髻"、髻心处绑着缯。

图66-2 绛
唐·薛儆墓石椁线刻。图中人物头梳倭堕髻、发髻根部以垂珠发绳系住。

《晋纪》中有一句"以缯缚其髻",这个"缯"是指丝织品,同时又有绑、扎的意思,这句话可以理解为用丝绸做的系带绑头发。这种束发方式唐代也存在。

除了"缯",《隋书》还记录有:"母不暇作帽,以绛系发。""绛"为红色的系物,大抵为绑头发的发绳之类的。

据《仪礼·士丧礼》记载:"鬠笄,用桑,长四寸,纋中。(桑之为言丧也,用为笄,取其名也。长四寸,不冠故也。纋笄之中央,以安发也。纋音忧。)"鬠笄是簪子的一种,两头窄中间宽,用于固定发髻。除了鬠笄外,有很多簪子可以两用,既可以固定发型又可以作装饰点缀。

要梳一个完整的发髻,得用到很多道具,在梳子、头油、发绳、簪子等的相互配合下,才能成髻。

67. 唐代女子都私藏了哪些漂亮的首饰?

唐代的首饰以金银为主,再点缀绿松石、红玛瑙、翡翠等。多以宝相花、团花的形状做簪头或者钿(这里的钿指的不光是贴皮肤上的"花钿",也指戴在头上的小首饰,一般用来压鬓)。除了花形首饰外,唐代还有花叶形长簪钗,这种长簪钗多用于鬟髻的固定以及冠饰的固定,可谓装饰与实用一体。

以上这些花鸟结合的首饰在唐代比较多见,为唐代的一大特色。唐代还有许多款式的首饰,与汉至隋的款式类似,多以花、叶、禽、兽的形态为主要特征,在此就不一一介绍了。

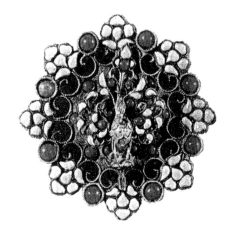

图67-1 唐代金镶宝凤花钗首
唐·金镶宝凤花钗首,西安韩森寨唐墓出土。其纹样与图67-2唐代敦煌藻井图颇为相似,皆是宝相花形,这是唐代首饰的一大特色。金镶宝凤花钗首的正中为一只凤鸟。

图67-2 唐代敦煌藻井图纹样

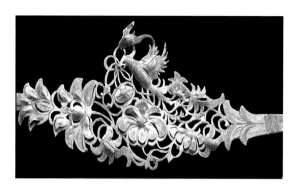

图67-3 唐代花树钗首
唐·银花树钗，徐州博物馆
藏。钗首为花鸟样式。

图67-4 唐代戴首饰的女子
唐·《都督夫人礼佛图》
（局部），敦煌壁画。图中
的十三娘头戴银制凤冠，左
右各插一支银制凤头钗，钗
首为凤口吐彩珠幡形流苏，
鬓发上正中插着小梳篦，两
边各插一对大小不一、花色
不一的宝相花形钿。

68. 五代十国的美人尤爱高髻?

　　高髻其实在汉代就已经出现了。高髻即高大的发髻，历朝历代都有，有些朝代无论贵族阶层还是平民阶层，大家都喜欢梳，出现了"城中好高髻，四方高一尺"的攀比现象。比如在晚唐的时候禁高髻，但最后收效甚微，世人该怎样还是怎样。到了五代十国时期，这种现象不减反增，发式高大得可以用"厦"来形容了。据《南唐书》记载："（昭惠）后创为高髻纤裳及首翘鬓朵之妆，人皆效之。"

　　《妆台记》记载："孟昶（后蜀末代皇帝）时，妇女治发为高髻，号'朝天髻'。""朝天髻"顾名思义就是髻顶有朝天的趋势。《宫词》："露台灯耀舞衣妍，一搦纤腰十万钱。进御乞颁新位号，

图68-1　五代高髻

图68-2　南唐高髻

图68-3　宋代朝天髻

梳将高髻学朝天。"这种发髻一直延续到了南宋。还有一种发髻流行于当时的回鹘地区，史学家称之为"回鹘髻"。《新五代史·回鹘传》记载："妇人总发为髻，高五六寸，以红绢囊之……"

左上/图68-4 五代回鹘髻
以红绢囊之的回鹘髻艳丽夺目，宋代亦有很多红绢包头的形象。

右上/图68-5 朝天髻（仿妆）
八字眉频锁，非妾有心事。云鬟朝天髻，官人得见否？

右下/图68-6 红绢囊发（仿妆）
钿钗繁花事，翘翠鬓边鬓。问君谁最娇？青丝红绢绾。

69. 宋代女子流行哪些发髻?

跟唐代相比，宋代的发髻偏向于精巧，更加精致灵动。如果说唐代的风格是大气端庄，那么宋代则是婉约秀气。

（1）鸾髻

《大宋宣和遗事》记载："（名妓李师师）弹眉鸾髻垂云碧，眼入明眸秋水溢。"鸾髻比较华贵，样式梳成凤鸟样，抑或是头上戴凤鸟头饰，又称"凤髻"。鸾髻有时候搭配发带和插梳，宋代欧阳修的《南歌子》："凤髻金泥带，龙纹玉掌梳。"宋代陈允平《诉衷情》的"绿云凤髻不忺盘"则侧面描写了此发髻的繁复，令人"不高兴去盘"。宋代张魁的《踏莎行》也表述了此发髻用发多，比较复杂："凤髻堆鸦，香酥莹腻。"

图69-1 宋代鸾髻
南宋·佚名《明皇击球图》（局部）。此形象为宋人想象中的杨贵妃，盛唐元素极少，南宋元素却是颇多。

图69-2 宋代鸾髻（仿妆）

（2）高椎髻

高椎髻形状似椎，属于高髻。宋初时流行高髻，沿袭了唐、五代之风，如果发量不够，还要用假发来增高。《宋史·舆服志》记载宋太宗曾下令"妇人假髻并宜禁断，仍不得作高髻及高冠"。但历史上，每次禁高髻都是不了了之，直至南宋理宗朝，宫中还是有高髻。

（3）珠髻

珠髻主要是使用的首饰繁多，特别是以珠翠为材料的头饰。宋代项安世的《富阳道中二首》："一带江流两岸山，玉花珠髻满云鬟。"宋代廖刚的《丙申春贴子八首》："金裁宝胜翻珠髻，云染华笺贴绣楣。"一般贵族阶层的女子会满头佩戴饰物，不是金的就是银的，不是华胜就是玉花，总之是珠光宝气，看上去富贵逼人。

图69-3　五代—宋高椎髻
五代·《引路菩萨》，图中的贵妇衣着华贵，头梳高椎髻。

图69-4　宋代珠髻
宋·刘松年《宫女图》（局部），图中的宫廷女子珠翠绕鬟。

图69-5　宋代珠髻（仿妆）

（4）包髻

用绢、缯等布帛包裹住发髻的包髻起源于中晚唐时期，流行于两宋。宋代朱敦儒的《绝句》："青罗包髻白行缠，不是凡人不是仙。"北方较多人梳"包髻"，大抵跟气候环境有关。

（5）罗髻

罗髻是包髻的一种。宋代吴芾的《和李民载梅花二首》："虽无素手簪罗髻，已觉春生野老家。"宋代吕渭老的《燕归梁》："起来重绾双罗髻，无个事，泪盈盈。"

（6）懒梳髻

教坊歌伎乐伎间流行一种懒梳髻，发式歪向一边，随意梳就，给人一种慵懒之态。宋代周密的《齐东野语》："问其故，蔡氏者曰：'太师觐清光，此名朝天髻。'郑氏者曰：'吾太宰奉祠就第，此懒梳髻。'至童氏者曰：'大王方用兵，此三十六髻也。'"

图69-6　宋代包髻
山西太原晋祠圣母殿彩绘女俑像。

图69-7　宋—明罗髻
明·稷益庙壁画。图中人物这种包髻边上戴满金银珠翠的风格自宋代到明代都有出现。

图69-8　宋—金懒梳髻
金·石刻浮雕，山西稷山县马村砖雕墓出土。图中的人物发髻偏向一边、松散宽大，后世许多仕女图中也多有这类造型。

（7）盘福龙

盘福龙又称"便眠髻"，意为方便睡觉的发髻。这种发髻形状大而扁，流行于宋代崇宁年间。此类发髻多以真发盘成，一种方式是先在头顶束发，再将头发分成两股，分别朝两边往后盘；另一种方式为束发后，直接绾成一成片的扁髻，然后用网丝兜住。

图69-9　宋代盘福龙
宋·山西晋祠圣母殿彩绘女俑像。

（8）盘髻

盘髻分"大盘髻"和"小盘髻"。大盘髻绕五圈，用缯扎紧，然后用丝网及簪子加固。小盘髻只绕三圈，没有丝网，仅用簪子固定。

图69-10　宋代盘髻
宋·四川宋代石室墓石刻。图中人物发髻简单，多为平民女子的装束。

（9）不走落

不走落流行于南宋理宗朝时期。此款发髻为高髻的一种，因其髻心稳固、髻高却不倒而得名。《宋史》记载："理宗朝，宫妃系前后掩裙而长窣地，名'赶上裙'；梳高髻于顶，曰'不走落'。"

（10）三髻丫

头上梳三个髻或三个鬟的三髻丫为丫角女娘之头饰。宋代范成大的《夔州竹枝歌九首》："白头老媪簪红花，黑头女娘三髻丫。"宋代洪咨夔的《寄赵景周抚干二首》："小德最怜渠，丹颊三髻丫。"

图69-11　宋代不走落
宋·四川南宋墓石刻。图中人物发髻高大，用簪钗固定住或用缯成结牢牢绑住。

图69-12 宋代三髻丫
宋·《婴戏图》（局部）。图中的孩子为小男孩，这种发髻对于儿童来说，不分男女。

图69-13 宋代同心髻
宋·河南登封宋墓壁画《对饮图》（局部）。

图69-14 宋代同心髻（仿妆）

（11）同心髻

同心髻是以一个髻心为中心绕成的发髻，髻式呈圆形。宋代陆游的《入蜀记》记载："未嫁者率为同心髻，高二尺，插银钗至六只，后插大象牙梳，如手大。"金代李俊民的《寒食戏书》："蓦见花闲弄药回，同心髻绾绿云堆。"

（12）芭蕉髻

芭蕉髻为椭圆形的发髻，较低矮，髻周围环绕翠饰，故得名。

（13）双蟠髻

双蟠髻又名"龙蕊髻"。髻心略大，双鬟从头顶掠至脑后，固定在髻心上。宋代苏轼的《南歌子》："绀绾双蟠髻，云敧小偃巾。"

（14）云鬟髻

云鬟髻为歌舞伎的一种发髻，《宋史·乐志十七》记载："六曰采莲队，衣红罗生色绰子，系晕裙，戴云鬟髻，乘彩船，执莲花；七曰凤迎乐队，衣红仙砌衣，戴云鬟凤髻。"这种发髻是髻鬟一体的样式。

153

图69-15　宋代芭蕉髻
南宋·牟益《捣衣图》（局部）。这种发髻前后看上去都比较扁平。

图69-16　宋代双蟠髻
宋·王诜《绣枕晓镜图》（局部）。左二绿衣黄裙的女子的发型即为"双蟠髻"。

图69-17　宋代双蟠髻（仿妆）
髻心如蟠桃，鬟似双龙翘。
珠玉如白浪，篦似蓬莱岛。

图69-18　宋代云鬓髻
宋·佚名《维摩图》（局部）。图中的侍女鬓边梳鬟，还有一种云鬓如刘松年《宫女图》中的多鬟、鬟鬟相交。

图69-19　宋代云鬓髻裸髻
图中发髻为去除首饰后的云鬓髻。

图69-20　宋代螺髻
宋·四川宋代石室墓石刻。图中女子的螺髻与南北朝和唐代的螺髻相比更加庞大，髻式更靠前。

图69-21　辽墓壁画中发型半梳半披的形象

（15）螺髻

形状似螺，属于盘桓的一种发髻。宋代辛弃疾的《水龙吟》："遥岑远目，献愁供恨，玉簪螺髻。"宋代苏轼的《蝶恋花》："碧琼梳拥青螺髻。"

（16）女真髻

古时候的女真髻是女真族的发髻，中原地区的贵族妇女也会模仿其式，束发垂背，简单干练。

70. 宋代女子通常留怎样的发际线？

现代社会人们普遍关心自己的发际线，不敢在发际线附近进行美发，生怕头发一个不愿意，从此与自己"一刀两断"。但是在古代，人们不但不担心这些问题，甚至有些地方的人还特地将发际线拔高。

宋代宫廷之中流行一种叫"晕拢鬓"的发式，这种鬓发的处理方式特别细致，很考验人的耐心，因为它要将鬓发做出浓淡深浅的视觉效果，由耳及外，从浅至深，即越靠近耳朵，发丝越少，颜色越浅，看上去就如同晕染过一样。宋代谢逸的《蝶恋花》："拢鬓步摇青玉碾，缺样花枝，叶叶蜂儿颤。"这种鬓发的处理方式，明清时候也一直保留着。

除了鬓发，古人对于额头发丝的梳理也是颇费心思。比如"云尖巧额"，发丝在额头呈云尖之状，即额发之间会形成朝内的尖角。宋明时期尤为流行，据宋代袁褧的《枫窗小牍》记载："汴京闺阁妆抹

图70-1　宋代晕拢鬓
五代·顾闳中《韩熙载夜宴图》
（宋摹本，局部），故宫博物院
藏。图中的女子鬓发虚拢。

图70-2　金代云尖巧额
金·陕西甘泉县柳河湾村金墓壁画。

图70-3　宋代大鬃方额
宋·刘宗古《瑶台步月图》
（局部），故宫博物院藏。

凡数变，崇宁间，少尝记忆，作大鬃方额……宣和以后，多梳云尖巧额，鬃撑金凤。"《枫窗小牍》中还提到了"大鬃方额"，其实"方额"的历史比较悠久，上可追溯到先秦时期，秦汉至魏晋尤为盛行，因为传统审美讲究"蝤首"，即方额，因此在中国历史上，方额是占了额发样式主导地位的。与"云尖巧额"相对的还有一个叫"山尖巧额"的，它是辽代妇女的一种额发。呈山尖状，尖角朝外，与云尖相反。

　　"山尖巧额"自辽影响到了宋，南宋时期也有部分女子刻意做这样的鬃角。

左/图70-4　辽代山尖巧额
辽·内蒙古赤峰市辽墓壁画。

右/图70-5　南宋山尖巧额
南宋·牟益《捣衣图》（局部），台北故宫博物院藏。

71. 宋代女子的发饰有哪些?

宋代的富庶与社会经济的繁荣其实
远超盛唐。制造业的发展与艺术审美的提
高,为首饰制作和加工提供了更好的条
件。

宋代最具代表性的头饰就是冠饰,它
起源于五代十国的道家妆,为宫廷装扮。
宋代的冠饰,起初只是在后宫中流行,后
来则逐渐布及民间。比如重楼子花冠、玉
兰冠、元宝冠等。宋代女子还喜爱戴金银
制成的簪钗,比如梁钗和折骨钗。梁钗极
具宋代特色,簪干长,簪头犹如桥梁;而
折骨钗脱胎于唐五代时期的"门形钗",
有的笔直,有的弯如骨折。折骨钗的制作
工艺有缠丝、竹节、钑花等。宋代还有双
花或三花的并头花簪,以及瓶簪、金花顶
簪、如意簪、钿簪、筒簪等。另有梳篦类
头饰,这种头饰唐代就有,有宋代特色的
则是梳背上串珠帘的,称"帘梳"。

除了金银首饰,宋代的琉璃首饰也堪
称一绝。琉璃起源于战国,兴盛在宋元,
一直延续到明清时期。琉璃堪比美玉,但
又比玉类脆弱,白居易在诗歌《简简吟》
中道:"大都好物不坚牢,彩云易散琉璃
脆。"因此宋代以前的一般人家买不起琉
璃首饰,多为贵族女子在使用。随着经济
的发展,到宋代出现了"京师禁珠翠,天

图71-1　宋代冠饰
宋·刘宗古《瑶台步月图》(局
部),故宫博物院藏。

158

下尽琉璃"的情况，宋时里巷妇女皆以琉璃为首饰。

图71-2　宋代冠饰
北宋·陕西韩城市盘乐村218号宋墓壁画。

图71-3　宋代冠饰
宋·河南登封宋墓壁画。

图71-4　宋代冠饰（仿妆）
白玉莲花峰，断桥折骨钗。
金铃款款步，裙动月娥来。

72. 元代女子都流行什么样的发髻?

元代女子的发型时尚基本上延续了宋代的风格，最为多见的就是包头及冠子。"南梳北裹总相宜"指的是南方流行梳髻，北方流行裹头。元曲《喜春来》："冠儿褙子多风韵，包髻团衫也不村，画堂歌管两般春。"有的包髻边上还戴着花："包髻不仰不合，堪画堪图。你看三插花枝，颤巍巍稳当扶疏。"（元代关汉卿《诈妮子调风月》）也有戴着簪钗珠翠和梳篦的："包髻金钗翠荷叶，玉梳斜，似云吐初生月"［元代商挺《（双调）潘妃曲》］，"珍珠包髻翡翠花"［《（双调）一锭银过大德乐·咏时贵》］。这些元曲对于当时妇人的描写大抵跟宋时的相差无几。这也说明了，改朝换代对于时尚的影响并不是绝对的。元代的"通勤装"，多见"包髻团衫"。

图72-1 元代冠子与褙子
元·钱选《招凉仕女图》（局部），台北故宫博物院藏。图中的两名仕女头戴冠子，身穿褙子，与宋代装扮一样。

图72-2 元代包髻
元·赵孟頫《吹箫仕女图》（局部），台北故宫博物院藏。

图72-3 元代包髻（仿妆）
珍珠包髻翡翠花，绫罗衣衫白玉芽。

除了包头和冠以外，元代女子还有梳髻类的发髻，比如流苏髻和盘龙髻。元代伊世珍的《琅嬛记》记载："轻云鬓发甚长，每梳头，立于榻上，犹拂地，已绾髻，左右余发，各粗一指，结束作同心带，垂手两肩，以珠翠饰之，谓之流苏髻。"盘龙髻俗称"圆头""如意缕"，这种发髻为拧扭式盘发，因其盘卧在头上，犹如一条睡龙而得名。龙为中国古代传说中的神兽，故而也会使用在仙女造型上，清代吕熊的小说《仙女外史》写道："翠冠飘动，用不着白燕钗、紫鸾钗、穿风髻、盘龙髻，是缀来娑罗片叶若轻烟。"

元代汉族女子时兴盘发包头，蒙古族女子则时兴修发。其实修发的传统古已有之，只不过汉族因儒家思想的影响，"身体发肤受之父母"的教条已深入骨髓，因此人们不会轻易去大规模修剪头发。但是其他少数民族受儒家思想的影响不是很大，因此剃发和修发就极为常见，甚至成了习俗。比如辽代的《熙宁使虏图抄》记载："（契丹）其人剪发，妥其两髦。"宋代庄绰的《鸡肋编》又记载："（辽）其良家士族女子皆髡首，许嫁，方留发。""髡"意为剃发，蒙古族也有剃发修发的习俗，宋代赵珙的《蒙鞑备录》记载："上至成吉思汗，下及国人，皆剃婆

图72-4　元代流苏髻
元·周朗《杜秋娘图》（局部）。图为梳"流苏髻"的杜秋娘。

图72-5　元代戴姑姑冠的蒙古族贵族女子

图72-6　元代盘发
元·内蒙古赤峰市元墓壁画。右边女主人与侍女的盘发与汉人女子的相差不大。

图72-7　髢头
辽·《煮汤图》，河北省宣化张恭诱墓壁画。

图72-8　髢头
辽·《备茶图》，河北省宣化张世古墓壁画。

图72-9　元代盘髻（仿妆）
钿儿弯弯均上头，绾个双龙戏珠球。

图72-10　元代圆头（仿妆）
圆头如意缕，贵贱皆如一。
碧衫鹅黄裙，日暮溪头勤。

焦，如中国小儿留三搭头，在囟门者稍长则剪之，两下者总小角，垂于肩上。"修完发，也会梳理头发，编成辫子盘于头上，比如"椎髻"，据《夷俗记》记载："若妇女初生时业已留发，长则以小辫十数披于前后左右，必待嫁时见公姑方分二辫，未则结为二椎，垂于两耳。"而元代贵族或者宫廷女子则多为冠帽，《元氏掖庭记》写道："后妃侍从，各有定制。后二百八十人，冠步光泥金帽，衣翻鸿兽锦袍。妃二百人，冠悬梁七曜巾，衣云肩绛缯袍。嫔八十人，冠文縠巾，衣青丝缕金袍，并谓之'控鸾昭仪'"，"首垂发数辫，戴象牙冠"。

元代并不强制性地限制人们对美的选择和对时尚的追求，因此有些时候，蒙古族与汉族相互吸取了各自的风格和元素，进行了融合。

图72-11　二椎辫
元·黑陶女俑。

73. 明代女子流行哪些发型？

明初百废待兴，人们无心对时尚进行创新，基本上延续了宋元的审美风格。明中期，经济已经基本复苏，并且繁荣起来，开始形成了具有自身特色的妆发。明晚期，民间风尚几乎盖过了官家，以苏杭为代表的地区，发型花样繁多，造型美观，争奇斗艳，甚至宫廷也效仿起民间的造型来。

（1）素馨髻

《明宫词》曰："滴粉搓酥尽月娥，花球斜插鬓边螺。"《崇祯宫词注》对此注解："后喜茉莉（即为素馨），坤宁宫有六十余株，花极繁。每晨摘花簇成球，缀于鬏鬓。"素馨清香怡人，民间也酷爱，甚至夸张到有人满头戴素馨，清代袁枚在《随园诗话》里提到了明末清初女诗人纪映淮创作的《秦淮竹枝》中有关当时妇人戴"素馨"的盛况："有《秦淮竹枝》云，'猩红一点着樱唇，淡抹春山黛色匀。压鬓素馨三百朵，风来香扑隔河人。'"

图73-1　明代戴素馨花的孩童
图中一个女童梳双丫髻，另一个梳三髻丫。这两个女童的发髻中就戴着白色的素馨花。

（2）鬏髻

鬏髻是一种圆锥形的假发髻，戴于头顶，用簪钗固定，再配上成套的发饰。这个发型不分贵贱，始于元代，流行于明代早期至中叶。元代乔吉的《玉箫女两世姻缘》："鬏髻偏，便似那披荷叶搭刺着个褐袖肩。"元代贾仲明的《荆楚臣重对玉梳记》："白日里垫鬏髻儿权衬着青丝……"民间还出现了卖此发髻的营生行当。明代陆人龙的《三刻拍案惊奇》："复身到城里，寻了原媒张篦娘，是会篦头绞脸、卖鬏髻花粉的一个老娘婆。"鬏髻根据材质不同，有金丝和银丝之分。当时出售假发髻的店铺有很多，发髻名目也多，有"双飞燕""懒梳头""罗汉鬏""到枕松"等。

图73-2　明代鬏髻

明·《明宪宗元宵行乐图》（局部），中国国家博物馆藏。

（3）蝶鬓髻

蝶鬓髻是堕马髻的"后裔"，明代范濂的《云间据目抄》卷二记载："蝶鬓髻皆后垂，又名堕马髻。"这种发型发髻偏后，垂于脑后，用发饰固定。

图73-3　明代蝶鬓髻

明·佚名《美人图扇》（局部）。图中的女子发髻低垂于脑后，鬓发蓬松。

（4）一窝丝

明代凌濛初在《二刻拍案惊奇》写道："美人卸了簪珥，徐徐解开髻发绺辫，总绾起一窝丝来。那发又长又黑，光明可鉴。"这一窝丝需要很长的头发随意

图73-4　明代一窝丝

明·佚名《倦绣图》（局部）。图中女子头上的发髻简单随意，并无头饰。

挽成，形成一团窝状，用黑网罩上以防散乱。罩发的黑网叫"缵"，因以杭州生产的最为出名，故而又叫"杭州缵"。

（5）特髻

特髻是一种假髻，用于后妃、命妇的礼服造型。这种发髻一般配以华丽的首饰，宋元时期就有记载。宋代孟元老的《东京梦华录》："珠翠头面、生色销金花样幞头帽子、特髻冠子。"元代张枢的《宫词十首》："翠枝斜插滴金花，特髻低蟠贴水荷。"南宋的耐得翁在《都城纪胜》中提到了特髻的特殊地位："一等特髻大衣者；二等冠子裙背者；三等冠子衫子裆裤者。"《明史·舆服志》中也有明确的规定："奏定，命妇以山松特髻、假鬓花钿、真红大袖衣、珠翠蹙金霞帔为朝服。以朱翠角冠、金珠花钗、阔袖杂色绿缘为燕居之用……"

（6）牡丹头

牡丹头是一种蓬松的高髻。这种鬓发自宋代开始，由扁平状逐渐变成了鼓胀状，更为立体生动。明末清初诗人尤侗写道："闻说江南高一尺，六宫争学牡丹头。"同一时期的董含在《三冈识略》中也记载了："余为诸生时，见妇人梳发高三寸许，号为新鲜。年来渐高至六七寸，蓬松光润，谓之牡丹头，皆用假发衬垫，其重至不可举首。"因为发髻高耸，需要假发填充和支撑，可见牡丹头分量不轻。

图73-5　明代妙常髻

（7）妙常髻

妙常髻于明代高濂的《玉簪记》中有记载，为道姑陈妙常之发髻，头顶梳一个简单的发髻，用簪钗固定，戴以巾帻。

（8）鹅胆心髻

明代范濂的《云间据目抄》记载："妇人头髻，在隆庆初年，皆尚圆褊，顶用宝花，谓之'挑心'……自后翻出'挑心顶髻''鹅胆心髻'。渐见长圆，并去前饰，皆尚雅妆。"

图73-6　明代鹅胆心髻
明·唐寅《王蜀宫妓图》（局部）。图中的提壶宫女成髻于脑后，形状似鹅胆。

（9）挑心髻

明代范濂的《云间据目抄》记载了挑心髻，样式为扁圆状，在髻顶簪宝花。

（10）松鬓扁髻

松鬓扁髻是晚明时期的一种发髻。鬓发比较松散，额发高耸。清代叶梦珠的《阅世编》记载："崇祯之间，始为松鬓扁髻，发际高卷，虚朗可数，临风栩栩，以为雅丽。"这种发髻与"蝶鬓髻"颇为相似，两者的不同点在于蝶鬓髻发髻在脑后，而松鬓扁髻发髻在头顶呈扁平形。蝶

图73-7　明代松鬓扁髻
明·佚名《千秋绝艳图》（局部）。

鬓髻有具体的类似于蝴蝶翅膀的形象，而松鬓扁髻没有特定形状，只是一种比较蓬松的鬓发。

（11）三绺髻

三绺髻是晚明时期的一种发髻，额发分三绺，高卷向后归于一撮。配以扁髻和燕尾。明代陆人龙的《三刻拍案惊奇》："吕达道：'男是男扮，女是女扮。'相帮她梳个三绺头、掠鬓、戴包头。"三绺髻源于晚明时期，清初至清中叶，在汉族以及汉八旗和少部分满族贵族女子间还流行着。

图73-8　明代三绺髻

图73-9　清代三绺髻
清·《胤禛美人图·博古幽思》（局部），故宫博物院藏。图中的美人前区发丝分股捆扎，然后统一向后固定。

图73-10　明代包头

明·济源明代墓室壁画。画中
女子红绢裹髻，并以金饰绕
髻，红缯扎头。

图73-11　明代包头（仿妆）

红绢罗缯珠翠髻、眉低眼弯香雪腮。

74. 明代女子流行什么样的鬓发？

魏晋南北朝与唐的鬓发堪称一绝，而明代也不甘示弱。如果说先前是讲究道骨仙风般的飘逸或者是抱面式的雍容，那么明代则是会"玩"。何谓"玩"？即男性视角的玩赏，以及女性立场的"为悦己者容"。这与重文思想下，士大夫的趣味息息相关。一个小小的鬓发，能被"玩"出诸多花样来，明代的美学不容小觑。以小见大，也可联想到明代蓬勃发展的仕女人物画，两者相辅相成。

（1）雾鬓

雾鬓犹如纱幔遮掩，朦胧间风情万种。这种鬓发在宋代就已经出现，明代尤为盛行。《西湖小史》提到了游湖的美女就梳有这样的鬓发："据余目所见，杜天素画擅一时，风鬟雾鬓而多高韵。"明代杨基的《无题和唐李义山商隐》："风鬟雾鬓遥相忆，月户云窗许暂留。"早在元代，郑祖光在《迷青琐倩女离魂》中就描述过这种鬓发："有甚心着雾鬓轻笼蝉翅，双眉淡扫宫鸦，以落絮飞花。"可见，这鬓发如同水墨一般，妙处在于既轻又薄。

（2）水鬓

与雾鬓齐名的还有一款鬓发，叫"水鬓"。这种鬓发的打理方法有两种。其一，用刨花水浸湿鬓发，从上往下贴脸梳理，至发梢归为一处，整体形状如一个长形的倒三角，抑或是上疏下密。其二，用黛墨描画鬓角，呈青黑色，延长自身的鬓发。《金瓶梅词话》写道："那妇人……两道水鬓，描画得长长的。"

（3）蝉鬓

蝉鬓始于魏晋宫中，为魏宫人莫琼树所创。崔豹《古今注》曰："魏文帝宫人绝所爱者，有莫琼树、薛夜来、陈尚衣、段巧笑四人。琼树乃制蝉鬓，缥缈如蝉翼，故曰蝉鬓。"蝉鬓在隋唐时期颇为流行。唐代韦庄的《秦妇吟》："旋梳蝉鬓逐军行，强展蛾眉出门去。"唐代温庭筠的《菩萨蛮》："春梦正关情，镜中蝉鬓轻。"到了明清，它依旧存在。明代谷子敬的《吕洞宾三度城南柳》："则见他乌云坠蝉鬓筋松，秋波困醉眼朦胧。酒力透冰肌色浓，枕痕印粉腮香重。"明末崇祯帝的宠妃田贵妃素日里做蝉鬓，唯有面见君王的时候别样处理。《明宫词》云："（田贵妃）宫中燕见卸浓妆，蝉鬓休梳副髻藏。"

右/图74-1　明代雾鬓
明·张纪《人面桃花图》（局部）。图中的女子双鬓发丝浓厚，边缘处略带丝缕，犹如雾气缭绕。

75. 明代女子有哪些梳妆辅助工具？

在古代，梳妆除了用梳子之外，还有其他辅助工具能为发髻定型，比如发胶、发绳、假发等。到了明代更是花样繁多。

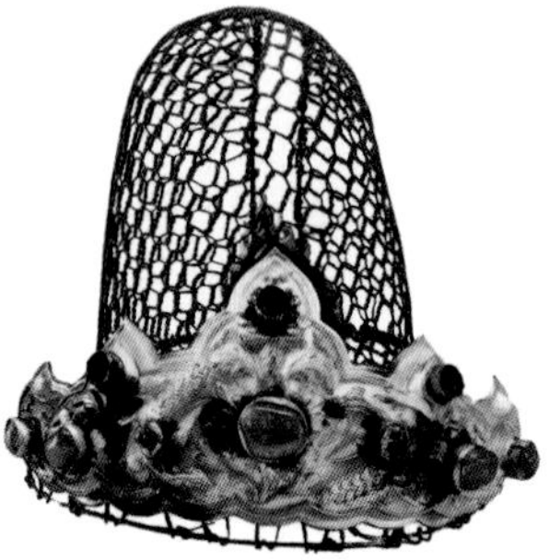

（1）发鼓

发鼓是一种用金属细丝编成的网罩，置于头顶，将发丝覆盖上去便能形成一个发髻，一般用于鬆髻。明代顾起元的《客座赘语》云："今留都妇女之饰，在首者……以铁丝织为圜，外编以发，高视髻之半，罩以髻而以簪绾之，名曰'鼓'。"这大概就是有文字详细介绍的硬发髻的制作过程了。

图75-1　明代发鼓
明·发鼓，上海卢湾区李惠利中学明墓出土。图为发鼓的背面，在底部已经安上了首饰。

（2）鬓枣

鬓枣亦作"髻枣"，唐代宇文氏的《妆台记》有记载："梁简文诗：'同安鬟里拨，异作额间黄。'拨者，捥开也。妇女理鬟用拨，以木为之，形如枣核，两头尖尖，可二寸长，以漆光泽，用以松髻，名曰髻枣。"它始于汉代，一直流传至明清。清代陈维崧的《蝶恋花·其六》："鬓枣微松蝉翼䤩。"

（3）玉拨

玉拨是用以约发的玉制首饰，始于隋

图75-2　宋代石刻中的"抿子"
"抿子"早于明代就已经出现了，一般用于刷头油。图为安徽宋代石刻，一女子晨起，拿着巾帕和抿子准备梳洗。

174

代。唐代冯贽的《南部烟花记》云："隋炀帝朱贵儿插昆山润毛之玉拨，不用兰膏而鬓鬟鲜润。"这大抵能够替代兰膏起到润泽头发的作用，类同于人身上戴玉，时间久了玉就会包浆，光润无比。

（4）簪圈

簪圈是一种束发用的头饰。《金瓶梅词话》："众人不免脱下褶儿，并拿头上簪圈下来，打发停当，方才说进去。"

（5）头䋌

头䋌为古代女子扎头发用的头绳，用丝织物或者绢类制成。宋代洪迈的《夷坚志补·余三乙》："徙居临安外沙，扑卖头䋌篦掠。"

（6）蓬沓

蓬沓亦是一种束发工具，宋代就有。宋代苏轼的《于潜令刁同年野翁亭》："山人醉后铁冠落，溪女笑时银栉低。"为此自注："于潜妇女皆插大银栉，长尺许，谓之'蓬沓'。"这种固定发髻的大梳子，现在西南少数民族地区还能看到它的影子。

（7）抿子

抿子是刷头油用的刷子。《红楼梦》中有提道："（黛玉）忙开了李纨的妆奁，拿出抿子来，对镜抿了两抿，仍旧收拾好了。"清代末期韩邦庆的《海上花列传》："双玉方才丢开，起身对镜，照见两边鬓脚稍微松了些，随取抿子轻轻刷了几刷，已自熨贴。"

（8）豪犀

豪犀是用来刷鬓发的工具，用犀角制成，故得名。元代龙辅的《女红馀志·豪犀》："豪犀，刷鬓器也。诗曰：侧钗移袖拂豪犀。"明末清初屈大均的《哭华姜一百首·其八十》："湘东未得持斑管，先取豪犀理鬓丝。"

（9）额帕

额帕又称"头箍"，初始为棕丝编结而成的网，用来网住头发，起到束发的作用。后来又出现了用珠子串成的额帕，则又起到了装饰的作用。

76. 明代有什么特别的头饰？

明代的手工业进一步发展，金银器的制作工艺更加成熟。除了官办金银器制造机构，民间也出现了许多金银器作坊，这使得首饰行业比先前更加繁荣。

明代官府金银器制作机构皆设于内府，生产集中，职能专一，分工明确。《酌中志》还记录了"婚礼作"，即专门为皇家婚礼服务的"御用婚庆机构"，这个机构由内官监职掌。据《皇明祖训》记载："掌成造婚礼衮、冠舄、伞扇、衾褥、帐幔、仪仗等项及内官内使贴黄，一应造作。并宫内器用、首饰、食米、土库、架阁文书、盐仓冰窖。"除宫廷外，部分藩王也有开设专门制作金银器的私人"工作室"。另外明代不严格约束民间制造，因此民间的金银器加工亦进行得如火如荼。除打造制作外，开铺子做首饰买卖营生也是极为寻常的一件事。明代冯梦龙的小说《喻世明言》中诱骗王氏出轨的薛婆子，便是以卖珍珠与成品首饰为营生的。

除纯金银首饰外，其他材质的首饰在这个时期也发展得极为迅速，比如点翠和宝石工艺。点翠是在金、银、铜、纸或鎏金金属质底板表面装饰翠羽的一种传统工艺。宝石是镶嵌于金属表面的材料，正是金银器的繁荣带动了相关辅料的繁荣。点翠的历史比较悠久，它的出现时间在明代以前，但是它兴盛于明清时期。

同时期，与精工并存的还有花饰，比如崇祯帝的周皇后喜欢戴素馨花。花饰不仅指花卉，也指用绢、绒、丝线、串珠等做成的仿花，也不单指花形，还有飞禽走兽等形状。这些各式各样琳琅满目的头饰，很多时候民间的要比宫中的花样更加繁多。比如《明宫词》："新样花枝出秀州，象生偏上丽人头。中官采办无寻处，曾向吴家买去不。"诗注："宫中凡令

图76-1　点翠工艺
《十九世纪中国风情画》之"点翠花"。点翠工艺明清时期最为发达。

177

节，宫人以插戴相饷。偶贵妃宫宫婢戴新样花，他宫皆无有。中宫宫婢齐向上叩头乞赐。上使中官出采办，越数百里不能得。上以问妃，妃曰：'此象生花也，出嘉兴。有吴史部家人携来京，而姜家买之。'"明代范濂在《云间据目抄》中也记载："旁插金玉梅花一二对，前用金绞丝灯笼簪，两边西番莲梢簪插两三对，发眼中用犀玉大簪横插一二支，后用点翠卷荷一朵，旁加翠花一朵，大如手掌，装缀明珠数颗，谓之'鬓边花'，插两鬓边，又谓'飘枝花'，耳用珠嵌金玉丁香……"这短短几句话写出了当时民间女子的头面，几乎包揽了明代所有的首饰工艺，令人惊叹。

图76-2　明代花丝头饰（仿妆）
盘我金丝凤、珠玉玛瑙花。
簪我金薄鬓，滴翠南红英。

77. 清代女子流行怎样的发型？

清朝，一开始实施强横的"剃发易服"政策，无论男女皆按照满族穿着要求来，但此举遭到了民众强烈的反抗。为了便于统治、缓和民族矛盾，清王朝便修改和放宽了部分条例，变成了"男从女不从""十从十不从"。因此，清朝初期至中期汉族女子的衣着和发型等依旧保持了晚明时期的样式。

清代女子的发型分两个派别，即汉派和满派。但也不是很绝对，特别是乾隆时期，后宫妃嫔既有满族贵族女子也有汉八旗女子，更有其他少数民族甚至外国来的妃子，因此内苑之中，可谓百花齐放，日常不拘服制。

图77-1 清代钵盂头
清·禹之鼎《乔元之三好图》（局部）。图中的歌乐伎梳着高大的钵盂头，脑后还梳着燕尾。

（1）汉式发型

清代李渔在《闲情偶寄》中就记载了几个发型："窃怪今之所谓'牡丹头''荷花头''钵盂头'，种种新式，非不穷新极异，令人改观，然于当然应有、形色相类之义，则一无取焉。""钵盂头"形如覆盂，为一种高髻，与晚唐五代时期的簪花"峨髻"有异曲同工之妙。不过李渔并不欣赏这类高大的发髻，觉得麻烦，便提出使用假髻即可："予前论髻，欲人革去'牡丹头''荷花头''钵

图77-2 清代钵盂头（仿妆）
不羡高山峻，只因妾髻高。
高来有几丈？不敢抬眸望。

盂头'等怪形，而以假髮作云龙等式。"
可见，自古以来，很多文人雅士不光擅长
写诗论文，还热衷于对女子的长相、穿着
打扮等发表鉴赏意见或提出要求。

"牡丹头"始于明代，清代仍有流
行。清代吴伟业的《南乡子·新浴牡丹
头》："高耸翠云寒。时世新妆唤牡丹。
岂是玉楼春宴罢，金盘。头上花枝斗合
欢。著意画烟鬟。用尽玄都墨几丸。不信
洛阳千万种，争看。魏紫姚黄总一般。"
这牡丹头是一种比较复杂的盘鬟。清代屈
大均的《天仙子》："双鬟但将蝴蝶赛。
露花油好嫌香大。吴阊学得牡丹头，钗不
戴，珠不爱，只有一枝兰作态。"牡丹头
配蝴蝶鬟，这"蝴蝶鬟"在耳畔宛转翻
飞，犹如蝴蝶一般。现代传统京剧中的年
轻女子以及老旦的扮相上，耳边都会梳蝴
蝶鬟。清代徐珂的《清稗类钞·服饰》：
"垂发挽髻，蝶翅双鬟。"

图77-3 清代牡丹头
清·王素《山水仕女图》（局
部）。画中女子额发高耸，似牡
丹花瓣。

图77-4 清代戏曲中的蝴蝶鬟
清·彩绘册页《戏曲人物百图》
（局部），美国大都会艺术博物
馆藏。传统京剧中，这种鬟发叫
"水折"。

图77-5 蝴蝶鬟（仿妆）

图77-6 蝴蝶鬟
清·改琦《仕女图》（局部）。
画中女子将发丝分为若干股，再
将分股的头发盘成花样。

蝴蝶鬓最早可以追溯至五代十国时期的前蜀，到了宋代，更是流行过一段时间。山西晋祠的彩塑女俑，很多梳有蝴蝶鬓。早期的蝴蝶鬓比较娇俏，往外反翘。

图77-7　京剧蝴蝶鬓（仿妆）
著名京剧化妆造型师三宝老师的京剧造型作品。

图77-8　宋代蝴蝶鬓

图77-9　前蜀蝴蝶鬓（仿妆）

图77-10　宋代蝴蝶鬓（仿妆）

"苏州髻"是已婚妇女梳的一种发髻，盛行于清代咸丰年间。清代徐珂的《清稗类钞·服饰》记载："妇女妆饰，以苏州为最时……咸丰时，东南盛为拖后髻，曰'苏州罢'……王壬秋为之诗曰：'……巧拢苏罢髻，娇索市门钱。'"脑后有一个弯翘的发髻往上撅，所以这髻又被称为"撅子"。京剧中很多三姑六婆的角色梳这样的"撅"，依据就来自真实的民间生活。清代小说《刘公案》："两道蛾眉如新月，一双俊眼似明星。糯米银牙含碎玉，樱桃小口一拧拧。芙蓉粉面吹弹破，鼻如悬胆一样同。乌云挽就苏州髻，真是闺中女俊英！"

　　"燕尾"并不是清代才有，它的雏形出现在魏晋时期。顾恺之的《女史箴图》和《列女仁智图》中描绘的女子形象，脑后就有翘起来的发型样式。宋代燕尾分两种风格，合燕尾和分燕尾。合燕尾即一整块的，类似魏晋时期的样式。分燕尾是中分后梳成的分离式燕尾。然分离式燕尾也分为两种——外八燕尾和分层燕尾。到了明代，燕尾就已经流行开来。清代不分满汉，都有梳燕尾的习惯。《清宫词》云："中宫别创新兴髻，倒后双垂燕尾长。"词注解："宫中梳髻，平分两把，谓之'叉子头'，垂于后者，谓之'燕尾'。"不光宫里，在民间也盛行此发

图77-11　清代撅子

图77-12　清代撅子（仿妆）

图77-13　魏晋燕尾
魏晋·顾恺之《列女仁智图》（局部）。图中的女子脑后的头发有一块是翘起来的，与后世的燕尾颇为相似。

图77-14 魏晋燕尾（仿妆）

图77-15 宋代燕尾

型。清代俞万春的《荡寇志》："肩上村着盘金打子菊花瓣云肩，虽然蒙着脸，脑后却露出那两枝燕尾来，真个是退光漆般的乌亮。"清代陈维崧的《倾杯乐·品茶》："绿鬟女、娇拖燕尾。"明清时期的燕尾五花八门，有宽大肥硕的、小巧玲珑的，还有"双飞燕"。

"喜鹊尾"形状如喜鹊的尾巴，比燕尾长。清代吴趼人的《二十年目睹之怪现状》写道："当时京城妇女所梳的长头有两种；一种比通常发髻为长，用簪子直插绾起；一种长形而后部弯曲，犹如鹊尾。"许地山在《近三百年来中国的女装》中也有记载："髻的形成，各处不同……'苏州撅''平三套''喜鹊尾'，都可以看为古髻的遗式。"

图77-16 宋代外八燕尾（仿妆）

图77-17 宋代分层燕尾（仿妆）

图77-18　清代喜鹊尾
清末老照片。图中侧脸的女
子长鬓盘于脑后，犹如喜鹊
的尾巴翘起。

图77-19　明代至清代不同
形式的燕尾

图77-20　明代晚期燕尾（仿妆）

图77-21　清代初期燕尾（仿妆）

184

图77-22　清代元宝头

图77-23　清代盘头（双盘髻）

图77-24　清代美人髻图

"平三套"又称"元宝头"。清代徐珂的《清稗类钞·服饰》记载："都人日用器具，喜作元宝形，妇人之发髻，亦翘其两端，作元宝状，以示吉利，时称'元宝头'。"清代温权甫的《寻河看粮船有感》："江南女子最风流，个个妆成元宝头。不问老妪尊甲子，怎知小姐贵春秋。"

"盘头"分大盘和双盘，大盘一般在脑后，呈单式，为已婚妇女所梳。清代文康的《儿女英雄传》："我看你们这里，都是这大盘头。"双盘分为两边，像一对眼睛，为未婚女子所梳。"双盘髻，又名'二虎眼'。"（许地山《近三百年来中国的女装》）

清代载涛、恽宝惠的《清末贵族之生活》提到了"抓髻"："新妇上轿前，例须将头发挽成一丫髻，俗称'抓髻'，带上头绒花，取'荣华富贵'之意。"

"美人髻"将额发与鬓发相结合，额发略贴头，两鬓为蓬松式，样式笔直，如燕尾分叉，正面呈伞形。如遇发稀者，两鬓则用铁丝支撑。

"观音兜"原先是一种风帽，因像观音头戴的纱幔而得名，也是一种假发髻的名称，由后垂发髻往上做一个尖突的样式，如同一顶小风帽。现用于京剧小花旦的发髻中。

图77-25　清代观音兜
清·天津杨柳青年画《美人童子图》（局部）。

图77-26　京剧观音兜
著名京剧化妆造型师三宝老师的京剧造型作品。

"荡七寸"是清末民初的发型，因发髻较长，七寸（约23厘米）有余，故而得名。

（2）满式发型

《宋史》记载："执犀盘二人，带髻头、黄衫。执翟尾二人，带髻头、黄衫。""髻头"起源于宋代，但宋代的髻头未有具体描述，清代的样式估计与宋代有差别。"髻"形容头发松散，两鬓蓬松，作虚笼之状。两把改为一把、上隆起、下分两撮、以银钗架作洞、呈椭圆形的髻头，又名"万年收"。清代缪润绂

图77-27　清代荡七寸

图77-28　清代髻头
清·《乾隆容妃像》（局部）。双鬓圆润蓬松，往上梳至头顶。

图77-29　清代两把头
清·《玫贵妃春贵人行乐图》（局部）。

图77-30　清代旗头
外国摄影师镜头下的清末民初京城满族贵族女子旗头装扮。

的《沈阳百咏》：“虚笼两鬓作髜头。”曹雪芹的《红楼梦》：“鸳鸯眼尖，趁月色见准一个穿红裙子梳髜头高大丰壮身材的，是迎春房里的司棋。”

“两把头”又称“平髻”“把儿头”“一字头”等。《旧京琐记》：“旗下妇装，梳发为平髻，曰‘一字头’，又曰‘两把头’。”这种发型是在头顶分两股，各向一边沿装在头上的扁方绕来回，随后固定在髻心处。

“旗头”是满族贵族妇女的发髻。发多者可依照“骨架”覆盖而盘，再戴上头饰等，发少者则用假旗头替代。这种发髻始于咸丰以后，慈禧上了年纪之后就因为头发少，多用假发髻代替。

清代叶梦珠的《阅世编》：“顺治初，见满装妇女辫发于额前，中分向后，缠头如汉装包头之制，而加饰其上。京师效之，外省则未也。”“盘辫”最盛的时候是乾隆时期。清代况周颐的《菩萨蛮·美人辫发》：“同根三绺青丝绾。丝丝比并情长短。背立画图中。巫云一段松。衫罗防污却。巧制乌绫托。私问上鬟期。平添阿母疑。”有些盘辫完成后，还会用布绢包裹起来，清代画家冷枚的画作《春阁倦读》中，女子慵懒地倚靠在八仙桌前，头上用元色的布包住发髻，并在鬓边戴着点翠多宝首饰，颇为风雅。

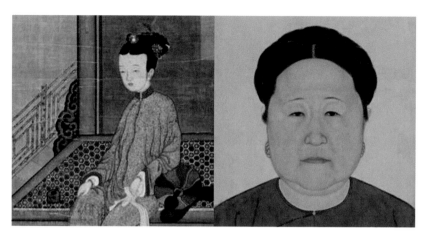

图77-31 清代盘辫

图77-32 清代包头
清·冷枚《春阁倦读》（局部）。

图77-33 清代盘辫（仿妆）
皂罗辫儿红缨绦，紧着头儿花枝俏。

78. 清代女子流行怎样的发饰?

清代的发饰在明代的工艺基础上有所发展和改进,并且日益成熟,尤其是细金工艺和点翠工艺。银镀金嵌宝、银镀金点翠、镶珠多宝、烧蓝、花丝多宝等琳琅满目,颜色以蓝、红、金为主,另外还有玛瑙珠玉、琉璃水晶、通草、绢花、绒花、珠花等。

图78-1 清代各种头饰

首饰的样式题材包含了飞禽走兽、花鸟虫鱼、亭台楼阁、仙人神女等，更有文字形的，如"寿"字样、双"喜"字样等。清代是我国古代发饰种类最丰富的一个时期，这也是它积累了历代的经验，进行发展和改进的结果。

头饰种类除了簪、钗、胜、钿、步摇外，满族贵族还有"扁方"，扁方为满族妇女梳旗头时所插饰的特殊大簪，均作扁平一字形。头顶扁方，余发绕之。它的功能性多于装饰性，扁方是能让发髻成型的利器。

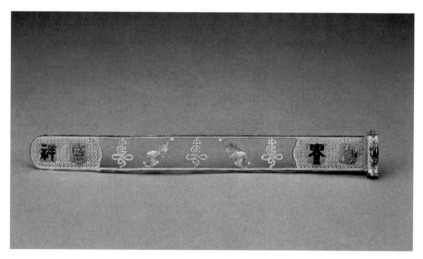

图78-2　清代金镂空蝠寿扁方

79. 清末燕尾有哪些种类?

　　受影视剧影响，很多人认为"燕尾"是满族女子的发型特色，其实通过前面几个问题，我们知道了"燕尾"并非清代才出现，也并不是满族女子的"专属"。它就如同其他发髻一样，在不断地演变发展，同时也影响了满族女子的发型时尚。至于影视剧中出现的"旗头"配"燕尾"，在历史当中也不是绝对的。晚清照片中很多满族女子虽梳着"旗头"，但未必梳有"燕尾"。

　　清末时期曾国藩的季女曾纪芬在晚年的回忆录中，整理了一些民间燕尾的相关信息。"大抵咸同（咸丰同治）之间，妇人之髻多盘于脑后，而为长形，略似今北

图79-1　无燕尾和有燕尾的旗头

191

方乡妇之髻，中须衬以硬胎，其约发处饰以红丝，固以扁簪。"咸丰同治时期，燕尾比较长，真发难以梳就，因此人们用硬物衬在头发里面，再依据硬物的形状倚势将真发覆在其上。曾纪芬童年时期在农村也遇见过梳燕尾的妇人："余七八岁所见吴乡间所梳者，名牛角纂，或云是宝庆（湖南中部偏西南）之时妆，或用木削成，加黑漆发盘于内，其角尖高出于头顶，有三四寸（12厘米左右），而燕尾拖于颈间（燕尾以马尾为之），今思其状实甚作恶也。吾近乡间所见则均略矮，不过二寸上下（6厘米左右），亦不甚尖，与元宝头相仿，亦是假的。"曾纪芬回忆中见过的燕尾多为清代汉式燕尾，与发髻相结合的较多。

图79-2　燕尾样式一
十一二岁女子燕尾发型。髻为假发，戴于真发之上，内部有长髻心，是真发扎的。

图79-3　燕尾样式二
髻为假发，真发盘于内，髻心为真发扎的。

图79-4　燕尾样式三
扬州桂花头样。髻为黑绒绕细铁丝盘成，有的中间衬金纸。燕尾由马尾编成，也有用真发编的。

图79-5　燕尾样式四
平三套。多用真发梳成，也可用马尾编成。

图79-6　燕尾样式五
元宝头。髻为真发、燕尾由马尾编成。

图79-7　燕尾样式六
狮子望长江。髻为真发，燕尾由马尾编成。

身形何为美?

——古代美人的身形、脸型之问

80. 先秦时期美人的标准有哪些?

现代社会人们对于美人的一般定义:具备身材苗条、皮肤白皙、眼睛大、脸蛋小等特点的人。那么在遥远的先秦时期,古人眼中的美人,要具备哪些外在条件呢?

《诗经·卫风·硕人》写道:"手如柔荑,肤如凝脂,领如蝤蛴,齿如瓠犀,螓首蛾眉,巧笑倩兮,美目盼兮。"意思是,美人的手像春芽好柔嫩,肤如凝固的油脂多白皙,颈似蝤蛴真丰润,齿若瓠子极齐整。额角丰满眉细长,嫣然一笑动人心,秋波一转摄人魂。"硕人"为身材高挑的美人,当时以高个子为美。而"螓首蛾眉","螓首"指的是方额,"蛾眉"指的是形状如飞蛾触须的眉形。清代吴下阿蒙在《断袖篇·韩子高》中写道:"是时子高年十六,尚总角,容貌艳丽,纤妍洁白如美妇人,螓首膏发,自然蛾眉,见者靡不啧啧。"此描写映射了清代认为的美的标准依旧是"螓首蛾眉",因此用这四个字来形容南北朝时期美若妇人的男子。关于高挑身材及方额蛾眉的审美,自先秦开始,影响了多个朝代。

81. 先秦时期以什么样的身形和脸形为美?

现代社会人们以瘦为美,大街上、电视里充斥着各种减肥产品广告,有吃的,有喝的,还有用仪器的,总之真真假假,五花八门。在如今追求"小脸"的年代,纤瘦的身形、巴掌大的脸型,成了众多青年男女追求的外形样式。你可知道先秦时期的人们追求什么样的外形?

人们对先秦时期美人的印象,比较熟悉的是《墨子·兼爱中》记载的:"楚灵王好细腰,故其臣皆以三饭为节,胁息然后带,缘墙然后起。"以上文字就是著名的"楚王好细腰"典故的出处。文中细腰者并不是女性,而是男性。而这篇内容,作者并不是持赞赏态度,更多的是讽刺。

《楚辞·大招》中,"曾颊倚耳,曲眉规只"描写的是美人面额饱满、耳朵匀称、弯弯的眉毛似用圆规描画的样子。"曾"是重叠的意思,"曾颊"就是面部重肉,面颊有些赘肉。《大招》通篇对这样的美人持肯定态度,这跟当时推崇的"硕人"审美有关系。先秦时期喜欢高大、健硕的体型,"硕人其颀"(《卫风·硕人》),"有美一人,硕大且卷"(《陈风·泽破》)。《唐风·椒聊》也赞美女子"硕大无朋""硕大且笃"。因此屈原在《楚辞》所描绘的"小腰",并不是刻意饿瘦的病态细腰,而是纯天然的,在胸围和臀围对比下突显而成的"小蛮腰"。

82. 汉代什么样的美人比较受欢迎?

先秦时期,对于美人的标准为白皙高挑、肤若凝脂。而到了汉代,拥有一头乌黑亮丽的头发之人,即便出身卑微,也有可能"飞上枝头变凤凰",比如平民皇后卫子夫。据《太平御览》记载:"上(汉武帝)观其(卫子夫)发鬓,悦之。"令汉武帝"悦之"的居然并不是女子的容貌,而是头发。汉代张衡在《西京赋》也提到了"卫后兴于鬓发"。唐代诗人李贺在《浩歌》中写道:"漏催水咽玉蟾蜍,卫娘发薄不胜梳。"解释了卫子夫后来逐渐失宠的一个原因是年老色衰,头发日益稀疏。可以说卫子夫是"成也青丝,败也青丝"。

图82-1　西汉卫子夫长发(猜想仿妆)

同一时期，大文豪司马相如在《美人赋》中亦有提到美人与头发的关系："臣之东邻，有一女子，云发丰艳，蛾眉皓齿，颜盛色茂，景曜光起。""云发丰艳"意为头发浓密且健康亮泽。《美人赋》对这个东邻美女的描写从头发开始，再提到眉毛、牙齿等，可见这一时期，头发浓密亮泽是美人的重要标志。

　　其实早在秦代，人们就非常关注头发。睡虎地秦简《法律答问》中有记载："或与人斗，缚而尽拔其须眉，论何也？当完城旦。""士伍甲斗，拔剑伐，斩人发结，何论？当完为城旦。"以上秦简内容大意为，故意毁掉他人毛发，被抓可获刑。秦人对于头发的偏执，从秦始皇兵马俑中可见一斑，千人千发，辫发之复杂，是历代兵俑中不曾见到的。

图82-2　秦俑发型
秦始皇兵马俑几个发型案例。秦兵发型辫发规整，有严谨的逻辑。

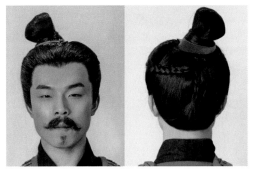

图82-3　秦俑（仿妆）

83. 魏晋南北朝平民女性的一般外形是怎样的?

《陌上桑》写道:"秦氏有好女,自名为罗敷。罗敷善蚕桑,采桑城南隅。青丝为笼系,桂枝为笼钩。头上倭堕髻,耳中明月珠。缃绮为下裙,紫绮为上襦。"秦罗敷,一个普通家庭的采桑女,后世经常拿这个名字来泛指"邻家女孩"。

《陌上桑》这首乐府诗描绘了采桑女的形象:头上梳着倭堕髻,耳朵戴着珍珠耳饰,下裙是丝绸做的,上衣是绫做的。其中提到的"倭堕髻",到了唐代还有它的影子,前文中曾详细介绍。崔豹的《古今注·杂注》道:"堕马髻,今无复作者。倭堕髻,一云堕马髻之余形也。"

图83-1 北魏倭堕髻
北魏·永宁寺女俑头像,头像的发髻歪垂在一侧。

84. 唐代美女的标准是什么？

很多人一说起唐代的审美，会联想到一个词——丰满。唐代真的是以肥为美吗？

其实初唐时期还是继承了南北朝和隋代的审美，以纤瘦为美，追求身细脸小，因此妆面也比较清淡，脸上的装饰物并不多，发髻也比较轻巧、简单，讲究灵动和高挑。

武周时期，女子开始以壮为美，妆容也逐渐变得浓艳，发髻以干练为主，高髻也占据着一定的位置。

图84-1 初唐女子
唐·李寿墓壁画。图中的乐女头梳"坐愁髻"和"反首髻"，身穿长裙，身姿纤细窈窕。

图84-2 武周女子
唐·永泰公主墓壁画。图中的女子较唐初期面庞圆润、身形壮硕。

图84-3 盛唐女子
唐·武惠妃墓壁画。图中的女子身材丰腴，下巴多层。

到了盛唐，经过武周的"调养"，女子的身材日益丰腴，脸形也日渐丰满，妆容也日渐浓艳，相应的发型也变得饱满宽厚，同时出现了两鬓抱面。

中唐时期，女子的面庞与身形开始渐渐瘦了下来，发髻也变得风情万种，妆面相对减淡。

到了晚唐时期，审美标准似乎逐渐脱离了胖，变为了壮，发髻也渐渐变高，仿佛壮硕的身材才能担得起高大的发髻。

但是胖瘦并不是绝对的，在以瘦为美的时期亦有身材肥胖的美女，同样，以胖为美的时期也有苗条的美女。比如生活在中唐时期的温庭筠，他的诗歌《南歌子·转眄如波眼》写道："转眄如波眼，娉婷似柳腰。"中唐时期整体社会审美还没有完全"瘦下来"，但是诗人的诗中已经出现了细柳腰的美女。哪怕是生活在以胖为主流审美的盛唐时期的李白，在他的《清平乐·禁庭春昼》中也描写到杨贵妃并不是肥胖过度的美人，而是具有小蛮腰的可人儿："谁道腰肢窈窕，折旋笑得君王。"晚唐时期的周濆，在《逢邻女》一诗中描写了一个胖美人的样子："日高邻女笑相逢，慢束罗裙半露胸。"而此时，胖已经不是主流审美了。

图84-4 中唐女子
唐·张萱《捣练图》（传为宋
徽宗摹本，局部）。图中的女
子妆容淡雅，身型略丰腴。

图84-5 晚唐女子
晚唐·敦煌莫高窟第12窟壁
画。图中的女子头梳高髻，身
材壮实。

85. 宋代美女的标准是什么?

宋代的审美潮流讲究一个"瘦"字。宋代的词人更是喜欢在词作中体现"瘦"。在那些大文豪的眼里,瘦美人的形象是"清瘦肌肤冰雪妒"(欧阳修的《玉楼春》),"冰肌自是生来瘦"(苏轼的《虞美人》),"依旧,依旧,人与杨柳俱瘦"(秦观的《如梦令》)等,古代第一才女李清照更是把"瘦"描写到了极致:"莫道不销魂,帘卷西风,人比黄花瘦。""花瘦",如"绿肥红瘦",指的是花少叶多,亦指花谢在即,瘦弱下来,可她却道人比花更瘦。

自宋代开始,以瘦为美的审美一直延续至今。但这种瘦美也不是绝对的,在古代以延续子嗣香火为首要任务的思想下,许多人的审美还是以身健为主,不管是胖还是瘦,身强体壮才是最重要的。

元明清沿袭了宋的"瘦美"审美观。明代冯小青的"瘦影自临春水照,卿须怜我我怜卿"恰如其分地描绘了瘦影自怜的形象。

图85-1 宋代瘦美人
宋·佚名《女孝经图》(局部)。

图85-2 元代瘦美人
元·佚名《宫女游园图》(局部)。

图85-3 明代瘦美人
明·佚名《仕女肖像立轴》
（局部）。

图85-4 清代瘦美人
清·吴嘉猷《仕女册》
（局部）。

妆容文化知多少?

86. 唐代女子的化妆步骤有哪些?

无论在古代还是现代，化妆都是按照一定的步骤进行。唐代已经形成了一套较成熟的化妆步骤，后世基本也是按照这个步骤化妆。

（1）净脸

净脸为清洁面部。古人用"澡豆"（类似于现代的洗面奶）洗脸，然后用清水冲洗干净。澡豆以豆末、白及、白芷、白术、白檀香等制成。唐代孙思邈的《千金翼方》："面脂手膏，衣香澡豆，士人贵胜，皆是所要。"元代关汉卿的《钱大尹智宠谢天香》："送的那水护衣为头，先使了熬麸浆细香澡豆，暖的那温汩清手面轻揉。"

（2）搽膏

洗完脸，就能马上化妆吗？并不是。洗脸时，皂类带走灰尘之余也带走了脸上保护表层皮肤的油脂，因此洗完脸要护肤。唐代用于护肤的面膏较多，有"面药""紫雪膏""化玉膏""玉龙膏""太真红玉膏"等。它们的功效有防冻、防干裂、使面部肌肤细腻润滑等。

（3）去眉

古人也会修眉。"身体发肤受之父母，不可损也"，这句话并不是绝对的。其实在唐之前就有"修眉"的习惯，画眉的"黛"就有"去眉代之"的意思。唐文宗时期还有"去眉开额"的习俗。

（4）敷面

敷面即打底妆，在脸上涂脂抹粉，比如"米粉""铅粉""面脂"等。其作用是使面色变白、祛除黯淡、遮瑕祛斑等，也包括了将眉毛与唇形隐藏，便于后面上妆。

（5）上红

上红即上腮红，腮红的涂抹有四种方式。第一种为"扫"，用毛刷将腮红扫在脸上，一般是粉质类腮红会用"扫"。清代奕绘的《临江仙十四首·其九》："淡扫胭脂轻蘸绿，春风笑靥微憨。"第二种为"拍"，用"绵胭脂"直接拍打在面颊。宋代许景衡的《次韵寄卢行之三首·其三》："远岫长堆翠羽被，晚霞碎拍胭脂绵。"第三种是"抹"，直接用手抹在脸上。元代周文质的《水仙子·赋妇人染红》："洒筼筜赪素甲，抹胭脂误染冰楂。"第四种是"晕"，即晕染，使胭脂具有深浅过渡的变化。宋代曾觌的《柳梢青·咏海棠》："翠袖牵云，朱唇得酒，脸晕胭脂。"

（6）画眉

画眉即按照当时流行的样式，在脸上画相应的眉形，画眉也有几种方法。第一种为"描眉"，"描"是个细致活，搭配细头毛笔使用，一般用于画细眉。明代张红桥的《念奴娇·凤凰山下》："还忆浴罢描眉，梦回携手，踏碎花间月。"第二种是"扫"，"扫"一般使用眉刷，比"描"要随意些，一般用于画粗眉或者需要晕染的眉形。唐代李商隐的《代赠二首·其二》："总把春山扫眉黛，不知供得几多愁？"第三种是"涂"，"涂"的方式最为粗犷，使用的眉妆用品也不会过于细腻，比如碳棒、灯芯、火燎过的植物根茎枝丫等。明代董少玉的《塞上晚春忆家》："露桃深中酒，烟柳淡涂眉。"

（7）注唇

注唇即在粉盖住的嘴唇上重新画唇。跟画眉一样，时世流行什么样就把嘴唇画成什么样，上唇妆也有几种方式。第一种是"涂"，来回横向涂抹。明代袁华的《赋得佳人晓妆》："蜂黄微点额，猩血浅涂唇。"第二种为"点"，一般为手指蘸取或者用笔蘸取口脂，点画在嘴唇上，用于小口。唐代卢仝的《与马异结交诗》："此婢娇饶恼杀人，凝脂为肤翡翠裙，唯解画眉朱点唇。"第三种为"染"，元代郝经的《怀来醉歌》："白云乱卷宾铁文，腊香一喷红染唇。"清代俞士彪的《风流子·其二》："想玉液染唇，似尝仙药，粉痕揾袖，胜曳朝衣。"清代徐石麒的《美人词·浣溪沙·其一·美人》："酒渍胭脂共染唇。""染"适用于液态唇脂，或者混合状态的唇脂，以上三首诗词点名了"染唇"的化妆品状态。

（8）点靥

面靥一般画在人脸酒窝处，形状较小，呈圆形、星形等几何形或者画微小的飞禽及花草。因为小，所以用"点"的方式。

（9）贴钿

"钿"即"花钿"，用"贴"的方式。花钿大多不是描画在额上，而是先在彩纸、云母片、昆虫翅膀、干花瓣等物上剪出想要的形状，再用胶水贴在额头。清代姚燮的《沁园春·呵》："尽帘唇写帧，画胶凝易，镜心贴钿，粉髓融难。"

87. "红妆"的妆粉由什么做成？

清代曹雪芹的《红楼梦》中，秦可卿对王熙凤的评价："婶子是脂粉堆里的英雄。"这脂粉便是红色的胭脂水粉，是红妆的重要组成部分。

"红妆"以"红"为主角，其最鼎盛的时期在唐代，但早在唐代之前就有出现。最早可以追溯到商代，妇好墓中就出土过朱砂，当时使用朱砂美颜（将朱砂捣碎，碾成粉末，与酒调和，涂抹在脸上）的还是少数人群，更多的是用在器皿涂染上。唐代宇文士的《妆台记》中曾推演秦代的红妆，称"始皇宫中……皆红妆翠眉"。从汉代的《匈奴歌》中可知，焉支山盛产制作胭脂的蓝红花，晋代崔豹的《古今注》又记载："燕支……又为妇人妆色，以棉染之，圆径三寸许，号棉燕支。"到了唐代，不光有朱砂和蓝红花，人们还喜欢用山花和石榴花做胭脂。据唐代段公路的《北户录》记载："山花丛生，端州山崦间多有之。其叶类兰，其花似蓼，抽穗长二三寸，作青白色，正月开。土人采含苞者卖之，用为燕支粉，或持染绢帛，其红不下蓝花。"《北户录》又云："……石榴花堪作烟支。代国长公主，睿宗女也。少尝作烟支，弃子于阶，后乃丛生成树，花实敷芬。"

88. 唐代男子也化妆吗?

爱美不光是女性的特权，其实在古代，男性也会打扮自己，不过这种现象多出现在贵族。男子化妆的历史也比较悠久，春秋战国时期就有，国际专业期刊 *ARCHAEOMETRY*（科技考古）上刊登了一篇名为《中国古代化妆品工业的兴起：2700年历史的面脂引发的新视角》的文章。文章提到，在对春秋时期芮国遗址的探勘中，专家学者在某座男性贵族墓中发掘出土了一件微型铜罐，罐子里装满了黄白色的团块。专家通过对罐内残留物的分析，发现此团块是由反刍动物体脂（牛脂）作为基质混合一水碳酸钙（大概是先民采集并加工洞穴中的钟乳石获得）制成的，为古时候的美白化妆品。湖北枣阳九连墩1号楚墓还出土过早期男子使用的梳妆盒，内部设有铜镜、木梳、刮刀、脂粉盒等。《史记·佞幸列传》更是记载了当时的男性公务员上班标配装束："郎侍中皆冠鵔鸃、贝带，傅脂粉。"到了魏晋南北朝时期，男子化妆的风气尤甚，涂脂抹粉乃常有之事。《颜氏家训·勉学》载："梁朝全盛之时，贵族子弟，多无学术无不熏衣剃面，傅粉施朱。"

唐代男子同样爱美，宋代陈元靓的《岁时广记》载："唐制，腊日赐宴及赐

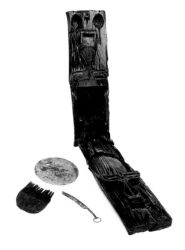

图88-1　古代男子化妆工具
战国·男子梳妆盒，湖北枣阳九连墩1号墓出土。

207

口脂、面药。"意为冬天的时候，皇帝会赏赐给大臣口脂和面药，这里的"口脂"和"面药"为防冻的润唇膏以及美白的面霜。《四时纂要》记载："面药，七月七日取乌鸡血，和三月三日桃花末，涂面及遍身，三二日，肌白如玉。"白居易在《腊日谢恩赐口蜡状》中也记载："今日蒙恩，赐臣等前件口蜡及红雪、澡豆等。"

唐代男子化妆，现代人可能觉得不可思议，尤其是面对一个孔武有力、满脸络腮胡子的壮汉涂脂抹粉，大多数人会觉得不适应。然而古代更甚者，远远不止于抹腮红和涂口红，在明清时期的小说中时常能遇见化了妆的"精致男孩"，本书中亦多次提到了男子的妆容。

图88-2 唐代涂腮红的男子
唐·韩休墓壁画。

左/图88-3 唐代涂腮红和口红的男子
唐·章怀太子墓壁画。

右/图88-4 明代画全妆的男子
明·佚名《列仙图》（局部）。图中的男性仙人修眉画眼，面庞抹了粉色的胭脂，唇上涂了红色的唇脂。

89. 杨贵妃究竟是怎样的形象？

我们对于千古第一美人杨玉环知多少？很多影视剧对她的形象塑造离不开高耸的发髻、硕大的牡丹花，还有宽大及地的裙衫。但事实真的如影视剧那样吗？

据《新唐书·五行志》记载："杨贵妃常以假鬓为首饰，而好服黄裙。近服妖也。时人为之语曰：'义髻抛河里，黄裙逐水流。'"义髻为假发髻，早在春秋战国时期就已出现用假发装饰，"以为盛装"。在唐代假发更是广为流行，高大的发髻由"木围头""绢"覆盖，"铜铁为骨"，总之人们绞尽脑汁，能制作成发髻的方法都用上了，因此唐代也是假发髻种类最多的一个朝代。

《中华古今注》记载："又太真偏梳朵子，作啼妆。""偏梳髻"为不对称式发髻，大致偏向一边，而"朵子"为何物？清代方以智在《通雅·衣服》中写道："朵子，首饰也。《古今注》言冠子起于始皇，今妃嫔戴芙蓉冠，插五色通草苏朵子，即华镊钿钗之类也。"可见此物为宫廷女子首饰，属于小型饰物一类。"啼妆"在东汉时就已出现过，前文有提及东汉时期的孙寿梳着堕马髻，画着"泪妆"，在汉代这种哭妆通常是在下眼睑处涂红，如刚哭过一般。而在唐代，大体

图89-1　唐代义髻
唐·薛儆墓棺椁线刻。这种上面描花的假发髻，新疆地区就有出土过，详见本书发髻篇章。有时候高髻没法用真发实现，就只能用假髻替代。

是在眼下用白色颜料做文章。王仁裕在《开元天宝遗事》中描写："宫中嫔妃辈，施素粉于两颊，相号为'泪妆'。识者以为不祥，后有禄山之乱。"《开元天宝遗事》记："贵妃每至夏月，常衣轻绡，使侍儿交扇鼓风，犹不解其热。每有汗出，红腻而多香，或拭之于巾帕之上，其色如桃红也。"可见这个"红妆"的浓艳程度，大抵类似"桃花妆"。《长恨歌》中又描写道："花钿委地无人收。"可见，花钿是贴上去的，不是画的。花钿是什么样式呢？同一时代，李景由夫妇墓出土的一套花钿可供我们参考。

我们从这些文字记载，结合开元天宝年间出土的俑和画，仿佛可以看到一位丰满可爱的女孩儿，穿着黄色的裙子从历史的迷雾中袅袅走过来。

图89-2　唐代花钿（仿制）
北京服装学院研究生马祯艺根据唐代李景由夫妇墓出土的多宝花钿复原的仿制品。

图89-3　唐代红妆
到底是怎样的红色才会使洗脸水变红呢？

图89-4 唐代杨玉环（仿妆）
云想衣裳花想容，春风拂槛露华浓。

90. 古代美人为何尤爱戴花?

电视剧总是把唐代刻画成人人皆爱在头上戴花的时代,但其实唐人戴花并没有形成一种气候。戴花这一风尚汉代就有,但不多见。真正将花作为日常的饰品,从五代十国开始,在宋代风靡起来。

《清异录》记载了南唐李后主业余生活中的一项爱好就是养花和插花:"李后主每春盛时,梁栋、窗壁、柱拱、阶砌并作隔筒,密插杂花,榜曰'锦洞天'。"《十国春秋·南唐列传》则记载了南唐宫女的簪花生活,大概也是受李后主的影响:"宫人秋水,喜簪异花,芳香拂鬓,尝有蝶绕其上,扑之不去。"《南唐书》又记载:"(昭惠)后创为高髻纤裳及首翘鬓朵之妆,人皆效之。"花从观赏性植物直接变成了插在女子鬓发上的饰物。《十国宫词》就生动形象地描写了梳高髻、戴头花的女子在南唐宫廷中争奇斗艳的情景:"匼匝春阴锦洞天,纤裳高髻斗婵娟。花香拂拂随人影,凤子纷黏绿鬓边。"

图90-1 汉代戴花女子
汉·执镜陶俑,四川省郫县宋佳林出土,四川博物院藏。

图90-2 唐代戴花女子
唐·敦煌莫高窟壁画《都督夫人礼佛图》。图中人物无论何等身份,都戴有花饰。花饰在敦煌地区的壁画中经常见到,盖是礼佛的一种装扮。

图90-3　五代戴花
五代·榆林窟供养人壁画。

图90-4　五代戴花
五代·王处直墓壁画。

除了李煜的美人们爱簪花之外，南汉的佳人们也不甘示弱。《十国春秋·南汉美人李氏传》记载："同时有宫人素馨，以殊色进，性喜插白花，遂名其花曰'素馨花'。"《清异录》又记载："南汉地狭力贫，不自揣度，有欺四方傲中国之志。每见北人，盛夸岭海之强。世宗遣使入岭馆，接者遗以茉莉，文其名曰'小南强'。及钑面缚到阙见洛阳牡丹，大骇，有缙绅谓曰：此名'大北胜'。"南汉不如南唐富庶，但南汉的美女们也不会因此黯淡无光。南唐将花戴得富贵，而南汉则戴得高雅，环肥燕瘦各有千秋，可谓"名花美女正相当，一例呼来共色香。彩缕细盘云鬓弹，还应尘倒小南强"。

"玉朵银丝簇鬓青，蕊珠宫里态娉婷。香残粉冷归何处，只有花田剩素馨。""素馨花"得名于一个宫女的名字，其来由颇有些凄美委婉。据《十国春秋》记载："宫人素馨惟喜插白花，遂名其花曰'素馨花'。"《广东新语》又记载："素馨斜，在广州城西十里三角市，南汉葬美人之所也。有美人喜簪素馨，死后遂多种素馨于冢上，故曰'素馨斜'。以弥望悉是此花，又名曰'花田'。"

213

91. 宋代女子淡妆浓抹的相宜之处体现在哪？

宋代苏轼的《饮湖上初晴后雨》写道："欲把西湖比西子，淡妆浓抹总相宜。"把西湖比喻成西施，不光描写了西湖的美，也概括了宋代女子的可人之处。这种"淡妆"兼"浓抹"的风尚，使宋在美妆史上延续了唐代绮丽的风格，又奠定了元明清纤雅风格的基础。

在宋代，浓郁的"醉妆"依旧存在着。宋代范成大的《州宅堂前荷花》："凌波仙子静中芳，也带酣红学醉妆。"宋代张炎的《庆春宫》："冶态飘云，醉妆扶玉，未应闲了芳情。"这种大浓妆实则大唐遗韵，大抵是中国古代妆容中最后的一抹艳霞。除了"醉妆"，唐代盛行的"檀晕妆"亦在宋代流行着。这种妆容色调柔和，以晕染为特色，宋代皇后亦曾做此妆容。宋代晏几道的《更漏子·柳丝长》："雪香浓，檀晕少。"宋代陆游的《和谭德称送牡丹》："洛阳春色擅中州，檀晕鞓红总胜流。"醉妆与檀晕妆皆可称为"浓妆"。

与"浓妆"相对的是"淡妆"。"淡妆"就如宋词中的"婉约词"，清丽委婉，柔情似水。其中"薄妆"就是宋代最为典型的淡妆，此妆施浅朱，为微红色。

图91-1 宋代浓妆
宋·河南登封黑山沟宋墓壁画《备宴图》。

图91-2 宋代檀晕妆
宋·佚名《仙岩寿鹿图》（局部）。

宋代王安石的《与微之同赋梅花得香字三首·其一》："汉宫娇额半涂黄，粉色凌寒透薄妆。"宋代黄庭坚的《忆帝京》："薄妆小靥闲情素。"与"薄妆"近似的还有"飞霞妆"和"慵来妆"，这两个妆都是前朝流传下来的。"飞霞妆"曾流行于唐代，是唐代的一种淡妆，它施浅朱，呈浅红色。而"慵来妆"起源于汉代，据传是汉成帝妃子赵合德所创，薄施朱粉，浅画双眉，给人以娇弱无力困倦慵懒之态。"慵来妆"在宋代大受欢迎，符合了当时追求婉约之风的审美情趣，宋代朱淑真的《春睡》："瘦怯罗衣褪，慵妆鬓影垂。"宋代张先的《菊花新》："堕髻慵妆来日暮。"

图91-3　宋代薄妆
宋·佚名《浴婴仕女图》
（局部）。图中的女子施薄
妆，浅画眉。

92. 宋代女子除了日常妆容外，还有哪些妆容？

相较于唐代的非日常妆，宋代的审美更加接近现代一些，猎奇形式也有所收敛，大多还是在普通人能接受的范围之内，比如属于宋代内家妆的"宣和妆"。宣和妆流行于北宋宣和年间，宋代阎苍舒的《念奴娇》中描述："疏眉秀目，向尊前，依旧宣和装束。"明代凌濛初的《二刻拍案惊奇》卷七中描写的宋时期"吴大守义配儒门女词曰：疏眉秀盼，向春风，还是宣和装束"，就依据了阎苍舒的词。另外明代冯梦龙的《喻世明言·杨思温燕山逢故人》中也有描写宋代的宣和妆："这妇人打扮，好似东京人。但见，轻盈体态，秋水精神，四珠环胜内家妆，一字冠成宫里样。"这妆大抵眉色浅淡、眼妆妩媚、面颊贴有珍珠，为宫中女子所喜爱。

除了内家妆，宋代的非日常妆还有唐代遗留下来的"泪妆"，《宋史·五行志》："理宗朝，宫妃……粉点眼角，名'泪妆'。"还有带有南北朝遗韵的"寿阳妆"等，既有先朝遗风又有本朝特色。宋代另有一种奇特的妆叫"绿妆"，宋代王沂孙的《露华·碧桃》："换了素妆，重把青螺轻拂……"

图92-1 宋代薄妆（仿妆）
浅浅蛾眉，淡淡薄妆。
谁家娘子，晨起梳妆。

93. 听说宋代男女都爱戴花?

头上戴花最早可以追溯到汉代,成都扬子山汉墓出土的女俑,头簪两朵大菊花,边上缀以小花,面容憨态可掬。汉代簪花的人较少,到了魏晋南北朝,簪花便逐渐成了风尚。《晋书·后妃列传》记载:"三吴女子相与簪白花,望之如素柰"。到了唐宋时期,簪花风俗越演越烈,蔚然成风。唐代戴花一般是礼佛时的装束,而宋代主要是因为时尚。

据《武林旧事》记载,市井乃至皇室流行以花冠为饰,簪花风气盛行导致鲜花供不应求,花价高涨。鲜花被抢购一空,人们的爱美之心不减反增,因此,可以替代鲜花的绢花、通草花、蜡花等物美价廉的像生花深受追捧,其中按四时节令选择富有代表性的花卉制成的特色花冠"一年景"极具特色。

图93-1 宋代伶人戴花
宋·杂居绢画。画中的小旦头戴牡丹。

218

宋代戴花不分男女、阶层和身份。欧阳修在他的《洛阳牡丹记》中就曾记录："洛阳之俗，大抵好花。春时城中无贵贱皆插花，虽负担者亦然。"宋代名妓严蕊就是个喜爱簪花的美女："不是爱风尘，似被前缘误。花落花开自有时，总赖东君主。去也终须去，住也如何住？若得山花插满头，莫问奴归处。"（《卜算子》）

"九日茱萸熟，插鬓伤早白"，这句话描写了魏晋时期重阳节男子簪花的情景。《百菊集谱》卷三的"唐《辇下岁时记》："九日，宫掖间争插菊花。民俗尤甚"，便记载了重阳节簪花的习俗。到了宋代，男子簪花已经蔚然成风。比如新婚之时，据《东京梦华录·娶妇》记载："众客就筵三盃之后，婿具公裳，花胜簇面。"在通俗小说《水浒传》中更有一好汉叫"一枝花"，这好汉名为蔡庆，与"病关索"杨雄是好兄弟，二人皆在监狱当差。蔡庆"一朵花枝插鬓旁"，杨雄则是"鬓边爱插翠芙蓉"。《宋史·礼志》还记载："庆历七年，御史言：'凡预大宴并御筵，其所赐花，并须戴归私第，不得更令仆从持戴，违者纠举。'"这应该属于公家赐花，并要求将其戴上。

图93-2 宋代货郎戴花
宋·苏汉臣《货郎图》（局部）。图中的货郎帽子两边各插了一枝花。

94. 元代女子流行怎样的妆容?

自宋代之后，浓妆已不再多见，人们更加喜欢略带"心机"的淡妆，宋代的"薄妆"大行其道，垄断了主流审美。元代郑光祖的《蟾宫曲·梦中作》："缥缈见梨花淡妆，依稀闻兰麝余香。"元代王恽的《鹧鸪天》："短短罗袿淡淡妆，拂开红袖便当场。"尽管是淡妆，但也不是不施脂粉，该美化的眉眼腮唇，依旧不少。

元代郑禧的《春梦录》写有"慈亲未识意如何，不肯令君画翠蛾""落花时序易消魂，忍看云笺沁粉痕""绣线慵拈梦乍醒，风流谁画柳眉青""春楼珠箔卷东风，几度偷弹泪粉红"等句子，其中"翠蛾""沁粉""柳眉青""泪粉红"等，无不描写出了当时女子的眉形、底粉、腮红样式。元代女子的妆容虽不是浓艳瑰丽，但也是风情万种，香艳至极。

除淡妆外，元代的蒙古族贵族女子则还时兴"黄妆"，即额头涂黄，这种面妆取自汉人旧时的"额黄"。元代张翥的《水龙吟》："沉水全熏，襞丝密缀，额黄深晕。"元代佚名诗人的《点疑绛唇》："蛾眉频扫黛，宫额淡涂黄。"

图94-1　元代薄妆
元·佚名《春景货郎图》（局部）。图中的妇人与两女童面部妆容差异不大。古代与现代类似，孩童不怎么化妆。图中的妇人面若素颜，面妆轻描淡写。

95. 古代的"出道"妆容是怎样的?

现代人称正式踏入演艺圈成为演员为"出道"。"出道"其实古代就有,秦汉时期有贵族宴会表演团体。据《文帝纂要》记载:"百戏起于秦汉曼衍之戏,后乃有高絙、吞刀、履火、寻橦等也。"到了唐代,在长安就设有教坊,"以隶散乐,倡优,曼延之戏"。宋代娱乐业更加发达,杂剧、歌舞表演盛行。而元代,以元曲为代表的文娱表演亦有属于自己的造型。说起戏剧(戏曲)妆,其实宋徽宗时期就有。据元代夏庭芝的《青楼集》记载:"一曰孤装。又谓之'五花爨弄'。或曰,宋徽宗见爨国人来朝,衣装鞋履巾裹,傅粉墨,举动如此,使人优之效之以为戏,因名曰'爨弄'。""爨"为烧火煮饭的意思,"五花爨弄"则为黑白花脸。《青楼集》又记载:"(李定奴)⋯⋯'凡妓以墨点破其面者为花旦。'"点墨成了古代"戏妆"的一个特色,无论是生还是旦,妆容皆如此。

96. 明代女子流行怎样的妆容?

受宋代的影响,纤弱、清丽,一直是后人追捧的风格。

自明朝开国以来,一直奉行节俭原则,朱元璋称帝后废除了一些受元朝影响的胡风时尚,提倡恢复汉室制式,并把这些写进了《大明集礼》和《诸司职掌》中,因此胡服、辫发等逐渐消失在人们的视野里。加之对程朱理学的推崇,"存天理,灭人欲"成为当时的主流思想之一,对于基本人欲之外的奢侈欲望进行了人为的压制,因此"清心寡欲"之风成了主潮流,宋元的檀晕妆色依旧流行。明代邓云霄的《香尘》:"衣染龙涎呈妙舞,埃笼檀晕掩新妆。"

到了明中期,商品经济的发展刺激了人们对于物质生活的追求。越是禁锢,越是逆反,无论是贵族还是平民阶层,皆有追求浓妆之势。上有政策,下就有对策,尤其是富庶的江南地区,崇尚的就是奢华。明代区大相的《三月十五游城南韦氏园》:"素柰呈雪姿,绮棠绚霞妆。"这种霞染的妆面比微红浓一些了,算是当时的一种浓妆了。

明晚期,风格又逐渐变得返璞归真、素雅大方。明代叶纨纨的《踏莎行》:"媚晕轻妆,芳姿映砌。檀心一点清香细。"这种薄薄的轻妆有着檀粉的妆色，淡雅娴静，大抵符合了当时社会对于女性的期望和要求。明代汤显祖的《牡丹亭》："素妆才罢，缓步书堂下，对净几明窗潇洒。"不过宫中还是盛行浓妆。《明宫词》记载了田贵妃（崇祯皇帝的宠妃）平日里浓妆，燕见君王的时候就把浓妆卸了："宫中燕见卸浓妆。"

图96-1　明代檀晕妆
明·佚名《鹦鹉仕女图》
（局部）。

97. 明代女子常做的美容项目是什么?

说起"绞面",可能很多人比较陌生,它的另外一个说法叫"开脸",目前在浙江西南地区、福建以及广西部分地区还能看到。它的操作步骤为先用粉涂脸,再用线和手指灵活配合,将脸上的杂毛去掉,让脸光洁。

但其实绞面在明代就已经有了,还是当时女子常做的一个美容项目。明代冯梦龙的《醒世恒言》中写道:"两个一递一句,说得梳妆事毕。贵哥便走到厅上,分付当直的去叫女待诏来。'夫人要篦头绞面。'当直的道:'夫人又不出去烧香赴筵席,为何要绞面?'贵哥道:'夫人面上的毛,可是养得长的,你休多管闲事!'"明代陆人龙的《三刻拍案惊奇》也提到了有个叫张篦娘的婆子是专门给人"篦头绞脸"的。这"篦头绞脸"只在女子间流行,如果男子想做这种项目,也不是不可以,但多半会遭到世人的耻笑。《三刻拍案惊奇》中还写道:"吕达道:'我看如今老龙阳,剃眉、绞脸要做个女人,也不能够;再看如今……(哪)一个不是'妇人'?笑得你?只是你做了个女人,路上经商须不便走……"清代李汝珍在《镜花缘》里也描写了众人来到女儿国,林之洋被打扮成女人的情形:"到了次日吉期,众宫娥都绝早起来替他开脸,梳裹、搽胭抹粉,更比往日加倍殷勤。"

图97-1 现代绞面工具
图片采自《中华遗产》总第160期。

98. 清代女子流行怎样的妆容?

受宋元明各朝的影响,清代女子的妆容相较之前并没有太大的变化,依旧以薄妆为主,直至中后期才开始逐渐变浓。清代纳兰性德的《菩萨蛮》:"有个盈盈骑马过,薄妆浅黛亦风流。"这"薄妆浅黛"便是当时女子的肖像写照。明末清初屈大均的《薄妆词》还描写了清代妆容跟唐代浓妆的对比:"两颊初成酒晕时,桃花妆浅稍调脂。卿卿欲识春山好,五岳三峰尽在眉。""却月横烟十样眉,唐时尚阔有谁知。从郎索取生花笔,小按图经胜画师。""桃花妆浅稍调脂"的颜色风情十足,自宋以来,细眉当道,现如今"唐时尚阔有谁知"。

除了淡雅的妆容外,清代也有一些其他的妆,比如"黄妆"。清代毛奇龄的《遇陈王》:"铜瓶注暖狮头炭,理黄妆。"这种"黄妆"其实就是"额黄"的延续,清代陈枋的《青玉案》:"惨红祖服,娇黄妆靥,再见伤憔悴。"清代赵友兰的《蝶恋花》:"点额涂黄妆最靓。"

图98-1 清代淡妆
清·佚名《关老夫人像》。

99. 清代女子使用哪些化妆品?

除了前朝流传下来的化妆品外,清代还开创了一些新品,比如"玫瑰膏子"。清代曹雪芹的《红楼梦》第四十四回写道:"摊在面上也容易匀净,且能润泽肌肤,不似别的粉青重涩滞。然后看见胭脂也不是成张的,却是一个小小的白玉盒子,里面盛着一盒,如玫瑰膏子一样。宝玉笑道:'那市卖的胭脂都不干净,颜色也薄。这是上好的胭脂拧出汁子来,淘澄净了渣滓,配了花露蒸叠成的。只要细簪子挑一点儿。抹在唇上,足够了。用一点水化开,抹在手心里,就够拍脸的了。'"这"玫瑰膏子"又叫"玫瑰胭脂",用于作唇妆和腮红。

《宫女谈往录》中就记载了慈禧太后对于"玫瑰胭脂"的挑剔和用法:"譬如拿胭脂说吧……京西妙峰山就要进贡玫瑰花,宫里开始制造胭脂了……待到涂抹的时候,用小拇指蘸一点温水,洒在胭脂上,使胭脂化开,就可以涂手涂脸了,但涂唇是不行的。涂唇则要把丝绵胭脂卷成细卷,用细卷向嘴唇上一转,或是用玉搔头(簪子名)在丝绵胭脂上一转,再点唇。""我们两颊是涂成酒晕的颜色,仿佛喝了酒以后微微泛上红晕似的。万万不能在颧骨上涂两块红膏药,像戏里的丑婆子一样。嘴唇以人中作中线，上唇涂得小些，下唇涂得多些，要地盖天。但都是猩红一点，比黄豆粒稍大一些，在书上讲，这叫樱桃口，要这样才是宫廷秀女的装饰。"

除了胭脂，还有妆粉类的，明清时曾流传一句话"苏州胭脂扬州粉"。"扬州粉"闻名遐迩，以细腻好闻著称，又被称为"扬州香粉"，清时被升为宫廷"贡品"，深受后宫女性的喜爱。

清代用于画眉的化妆品，还多了一种叫"眉蜡"的新成员。这是一种呈膏冻状的化妆品，使用前先修整眉形，然后用眉蜡将眉毛的形状固定住，再上色。清代毛奇龄的《南歌子》："蜡晕眉间粉，裙萦履上珠。阳云楼上教歌殊。吹暖凤梢、双簌卸唇朱。"另外还有一种廉价的画眉用品，火燎植物根茎之后直接涂在眉上画形，明代就已经出现过。明代董少玉的《塞上晚春忆家》："露桃深中酒，烟柳淡涂眉。"清代郝懿行的《证俗文》卷三："今世画眉仍复黑色，皆烧柳枝为之；或取锤金乌纸，湮研涂画，止须对镜可作。"而"锤金乌纸"，大抵是一种遇唾液即化的黑纸，化开后可用其画眉。

图99-1　清代化妆品盒
清·铜胎画珐琅西洋人物海棠形粉盒。图片采自《中华遗产》总第160期，FOTOE供图。

100. 古代妆发也讲究意境与留白?

现代人理解古代人的美有一个误区，觉得越华丽越复杂就越是美，其实不然。中国传统美学讲究留白以及韵味，特别是字画方面，后来又延伸到了园林建筑等领域。过满则溢，过盈则亏，留有余地，才能有无限的遐想和品味。

中式美学的特点是讲究意境、留白。意境和留白其实很抽象，无法笼统地表述。李泽厚先生在《美的历程》中将绘画、雕塑、建筑、文学、书法等艺术门类在各个时代的兴起与演变进行了剖析，这些艺术门类的共通点是它们都有意境、留白和韵味。那么我们历朝历代的美容美发时尚，是否也有这些特点呢?

中国古代仕女画中的人物并不是个个都盛装出席，盛装一般出现在一些重要的场合，比如祭祀、婚礼、册封等。画中表现得更多的是日常生活。从《女史箴图》到《虢国夫人游春图》再到《瑶台步月

（烘炉观雪）

（倚榻观雀）

（烛下缝衣）

图100-1 古代雅致的美人
清·《胤禛美人图》（局部），故宫博物院藏。

图》《胤禛美人图》等，画中风情万种的女子并不是珠钗满头、霓裳羽衣，而是用饰品恰如其分地点缀，达到"四两拨千斤"的艺术效果，让人从画卷中感受到了古人的"雅"和高端的审美观。

　　"女为悦己者容"或是"女为己容"在宋代婉约词中颇为常见，对妆容、发髻、饰品和服装的描写，直接体现在诗词里。一词常有佳人，两行不离"脂粉"，三句不弃"青丝"。从"嫩脸修蛾，淡匀轻扫"（柳永《两同心》）到"朱唇渐暖参差竹"（苏轼《菩萨蛮》）再到"堕髻慵妆来日暮"（张先《菊花新》），这类妆容发髻的描写大致勾勒出了女子婷婷袅袅、婀娜多姿的风韵神态。这种意境之美极具中国特色。从诗词的字里行间我们都能勾勒出一幅肖像画，没有太多着墨于具体的描写，但人们读过之后，脑中都能浮现出李清照、朱淑真和唐婉的样貌。这些字句生动形象地记录了宋代女性的样貌和日常生活，细细品味，能够感受到士大夫们的审美情趣，以及宋代独特的美学气质。

（消夏赏蝶）

（倚门观竹）

（美人展书）

图100-2　古代雅致的美人
清·《胤禛美人图》（局部），故宫博物院藏。

参考文献

[1]吴山，陆原.中国历代美容·美发·美饰辞典[M].福州：福建教育出版社，2013.

[2]扬之水.中国古代金银首饰[M].北京：故宫出版社，2014.

[3]杨建飞.宋人人物[M].杭州：中国美术学院出版社，2021.

[4]运城市河东博物馆.盛唐风采：唐薛儆墓石椁线刻艺术[M].北京：文物出版社，2014.

[5]左丘萌，末春.中国妆束：大唐女儿行[M].北京：清华大学出版社，2020.

[6]福建省博物馆.福州南宋黄昇墓[M].北京：文物出版社，1982.

[7]李芽.中国历代女子妆容[M].南京：江苏凤凰文艺出版社，2017.

[8]夏生平，卢秀文.敦煌石窟供养人研究述评[M].杭州：浙江大学出版社，2016.

[9]杨雨.李清照传[M].武汉：长江文艺出版社，2020.

[10]华梅，等.中国历代《舆服志》研究[M].北京：商务印书馆，2015.

[11]袁仲一.秦兵马俑探秘[M].杭州：浙江文艺出版社，2011.

[12]韩经太.华夏审美风尚史：第六卷徜徉两端[M].北京：北京师范大学出版社，2016.

[13]宿白.魏晋南北朝唐宋考古文稿辑丛[M].北京：文物出版社，2011.

[14]王远.古代生活图卷[M].长沙：湖南人民出版社，2020.

[15]毛文芳.明清女性画像文本探论[M].台北：台湾学生书局，2013.

[16]孙机.华夏衣冠：中国古代服饰文化[M].上海：上海古籍出版社，2016.

[17]段晓静.浅谈宋词中的女性化妆艺术[J].课外语文，2016（10）.

[18]杜胶.汉赋中的女性形象[D].银川：宁夏大学，2017.

[19]范从博.女性外部形象与审美文化：明清女性外部形象研究[D].上海：上海戏剧学院，2006.

[20]徐梅.中国古代女性眉妆审美研究[J].牡丹江大学报，2019，28（5）：100-138.